原発時代の終焉

The end of nuclear energy

小森 敦司
Atsushi Komori

東京電力福島第一原発事故 10年の帰結

緑風出版

まえがき

二〇二一年三月、東京電力福島第一原発事故から一〇年になる。

朝日新聞経済部記者の私は事故以来、ずっと原発問題や電力・エネルギー政策をめぐる連載記事などを書くポジションにいた。

この間、目の当たりにしたのは、いわゆる「原子力村」の強大な姿だった。

事故があっても、産業界や政財界などが原発を支える構造は変わらず、彼らはこの構造こそが日本国の秩序なのだ、と原発を維持しようと様々な画策をしてきた。

そんな「原子力村」と濃厚な関係を築いている安倍政権は、二〇一四年四月、民主党政権が掲げた「原発ゼロ」を転換し、安全性が確認できた原発から再稼働することを明記した第四次エネルギー基本計画を閣議で決めた。

さらに二〇一五年七月には、二〇三〇年度の電源構成で原発を「二〇~二二%」にすることを決定した。事故前の約三割と比べると小さいが、あくまでも原発頼みを続けるというのだ。原発は発電コストが安く安定しているという理由だ。二〇一八年七月には、この「二〇~二二%」の原発比率を盛り込んだ第五次エネルギー基本計画を閣議決定した。二〇二〇年九月には、「安倍路線の継承」を掲げる菅政権が発足した。

しかし、「原子力村」の思い描くように事態は進んでいない。

なにより、原発事故が国民に与えた衝撃はとてつもなく大きかった。

朝日新聞の世論調査でも、「停止している原発の運転再開」に反対との意見は五六％と、賛成の二九％を大きく上回っている（二〇二〇年二月）。そんな状況だから、安倍政権は原発の「新増設」や「リプレース（建て替え）」をなかなか言い出せなかった。菅政権でも変わりはないのではないか。

成長戦略に掲げられた原発輸出も、建設コストの高騰などから相次ぎ頓挫し、東芝をはじめとする日本の原子炉メーカーは巨額の損失を被った。原発の使用済み核燃料から出る高レベル放射性廃棄物（核のごみ）の処分場探しも、大きな進展はない。

あげくの果てに、関西電力の役員らが、原発が立地する福井県高浜町の元助役（故人）から多額の金品を受け取っていた事実が発覚し、国民をあきれさせた。

そもそも、東京電力福島第一原発の事故被害に対する東電の「償い」は、きちんとなされたのか。福島の事故をめぐる集団賠償訴訟は全国各地で約三〇件起こされ、原告数は一万人を超えた。事故被災者の「怒り」はどれだけ大きいだろう。

一方、原発事故への対応に必要な費用も膨らむばかりで、経産省・大手電力はそのかなりの部分を賄うために電気料金を通じた国民からの徴収を進めている。消費者の間には、そうした手法は違法だとして、国を相手に料金認可の取り消しを求める訴訟を起こす動きもある。

「原発は野垂れ死にすることになる」。日本のエネルギー産業に詳しい橘川武郎・国際大学教授は、私のインタビューに対して、そんな言葉遣いで、日本の原発の行く末を語ってくれた（インタビュー全文は第5章に収録）。

橘川教授は原子力は必要との立場だが、「野垂れ死にする」という表現は、前述の状況からして私の実感に近い。

もはや、「原子力村」は、原発を強力に前に進める力を失っている。日本の「原発時代」は終焉の時を迎えようとしている。勝負はついた。

原発が終わるのだ。

本書は、私が、ここ数年の間に、朝日新聞の記者として朝日新聞の紙面に、あるいは朝日新聞デジタルに書いてきた記事を、再構成し、加筆したものである。

東京電力福島第一原発事故から一〇年が経つのを前に、原発を強引に建設し、安全性を軽視したまま運転してきた、この半世紀に及ぶ「原発時代」とは何だったのか、その結末はどうだったのか、を総括することを意図した。

通読していただけたら、「原発が終わる」時が来たことを、はっきりと分かっていただけるものと思う。

今後は、原発を終わらせるための様々な作業に取り組まないといけない。

福島の事故炉の廃炉に加え、各地の原発の通常の廃炉や使用済み核燃料への対処といった様々な「負の遺産」の処理が待ち構えている。

これらの作業は、火力発電所を閉鎖するのとはまったく次元が違う、大変、困難な作業が求められる。しかも、とてつもない息の長い努力が必要だ。

しかし、原発の電気を長く使ってきた日本は、国家として対処しないといけない。逃げられないのだ。

私たちには未来への責任がある。

＊

なお、引用したり抜粋したりした記事には掲載日を付した（見出しは東京最終版）。また、肩書・年齢などは掲載当時のままとした。その後の経過を踏まえ、修正を加えた部分もある。

目次

原発時代の終焉

——東京電力福島第一原発事故10年の帰結

第1章

原発の時代と原子力村

二〇一九年五月一日、元号が「平成」から「令和」になった。

朝日新聞社はこの改元を前に、二〇一八年八月、夕刊で「平成とは　取材メモから」というタイトルの連載記事を始めた。

平成の時代の大きな事件や出来事を書いてきた記者たちが、自らの取材メモを元に当時を振り返るというものだ。

三〇年余の平成という時代のなかで、二〇一一年（平成二三年）三月の東日本大震災と東京電力福島第一原発事故は、かなり大きな出来事だったはずだ。そして後者の原発事故は、この国がいかに原発の「安全神話」にひたっていたかを明らかにした。

同時に、原発の利権につらなる「原子力村」の強大な姿も浮かび上がり、その歪んだ構造に国民は驚いた。

私は、この夕刊連載の企画に、原発の実態報道にかかわった記者として書き残したいと手を挙げるとすんなりと了承された。

私の執筆分のタイトルは「この国と原子力」と決まった。二〇一八年一二月六日から同二〇日までの計一一回。本書では、別の章と重複する一回分をのぞき、ここに収録した（掲載日を末尾に記した。肩書や年齢は掲載時のもの。敬称略）。

この連載を通じて、原発の建設や運転に伴って形作られた「原子力村」の実像や、福島の原発事故の衝撃を分かってもらえると思う。

1 「村」は伏魔殿

「原子力村」。私がその言葉を初めて記事に使ったのは、朝日新聞の朝刊連載「神話の陰に」の一回目[*1]（二〇一一年五月二五日）だった。連載は、東京電力福島第一原発の事故がなんとか小康状態に入ったところで、日本の原発政策を問い直そうという趣旨だった。

朝日新聞の記事データベースで調べると、「原子力村」はそれまでも何度か使われていたが、あまり一般的ではなかった。それが事故後に浸透していった。

当初、「原子力村」は電力会社の原子力部門を指していたようだが、私たちは電力会社の「外」にも広がっていると考えた。それは関係産業界や政界、官界、さらに学界、労働組合なども巻き込んだ広大な世界だ。

この連載のときの取材メモには、いまも刺激的な言葉が残る。

「原子力部門は伏魔殿。そこを東電が支え、経済社会全体が支える構造になっている」「電力会社はいつしか原子力こそ、力の源泉と思うようになった」（経済産業省元幹部）

「電力会社の経営なんて誰でもできる。地域独占や総括原価方式がある。それを守るため、各方面に働きかけることが本業になった」（東電元副社長）

*1　この章の最後に、この「神話の陰に」の一回目の記事を収録した。

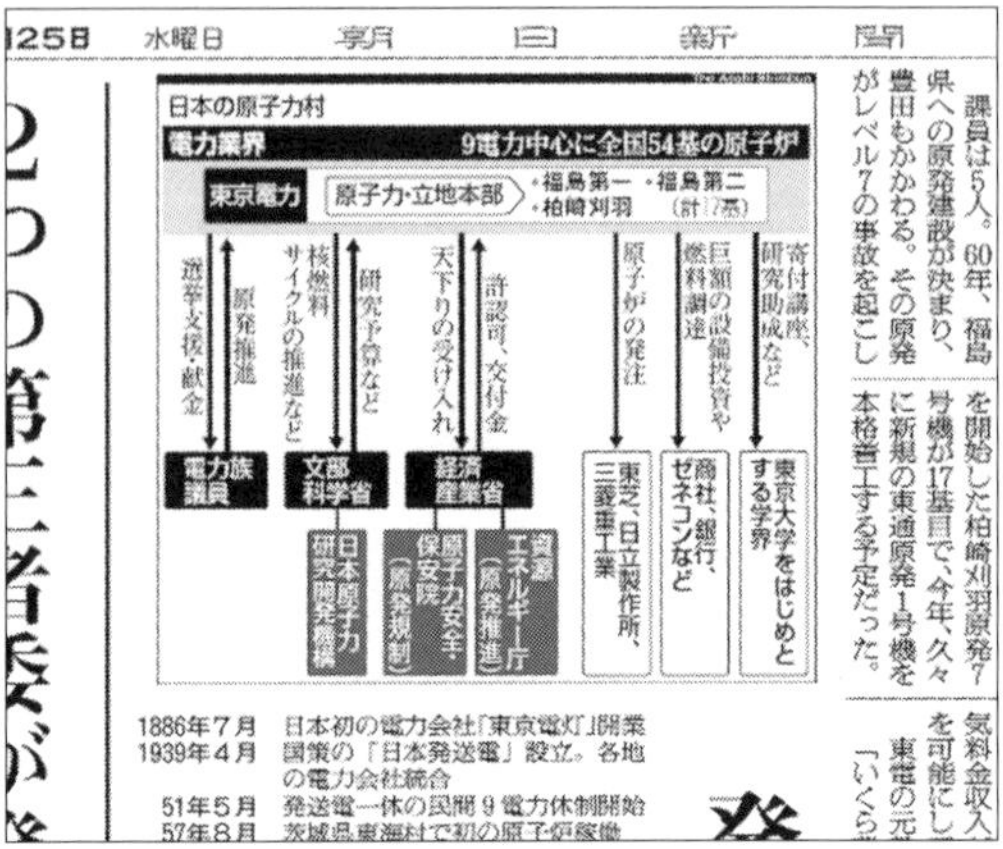

連載「神話の陰に」の１回目（2011年5月25日朝刊）に使われた「日本の原子力村」の図

福島の原発事故は電力王・松永安左エ門が九電力体制をつくってから六〇年という節目に起きた。

福島第一の1号機の営業運転開始から数えると四〇年だ。「原子力村」は平成に入るころには、強い腐敗臭を放っていたのではないか。

私はかつて名古屋で中部電力を担当したことがある。その後、東京で電力を所管する通商産業省（現・経産省）を担当したときもある。

しかし、私を含め大方のメディアは、怪しさをうすうす感じながらも事故が起きるまで「村」に斬り込むことはなかった。何をしていたんだ――。そんな悔しさから、事故以来、今日まで経済部の記者として、「原子力村」に関係する記事を書いてきた。

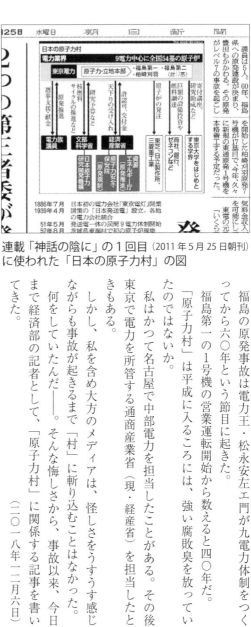

（二〇一八年一二月六日）

2　取り込まれたメディア

「メディアも『原子力村』の一員だ」。二〇一一年の東京電力福島第一原発事故の後、そんな批判がツイッターなどで広がっていた。メディアが総じて「原発は必要だ」と伝えてきたことへの疑念だった。

朝日新聞は二〇一一年秋、原発報道を検証する連載を始めた。経済部の私もこの取材チームに入って、「金目《かねめ》」の話を追った。

すると、メディアが電力会社に取り込まれていたと思われる事例が出てきた。残念な話だが、朝日新聞のOBも、東電から不用意に仕事を引き受けていた。

それが東電の情報誌『SOLA（そら）』だ。創刊は一九八九年。旧ソ連のチェルノブイリ原発事故で日本でも原発を不安に思う人が増えていたころだ。営業所で無料で配布していたが、福島の事故後の二〇一一年夏号で廃刊になった。

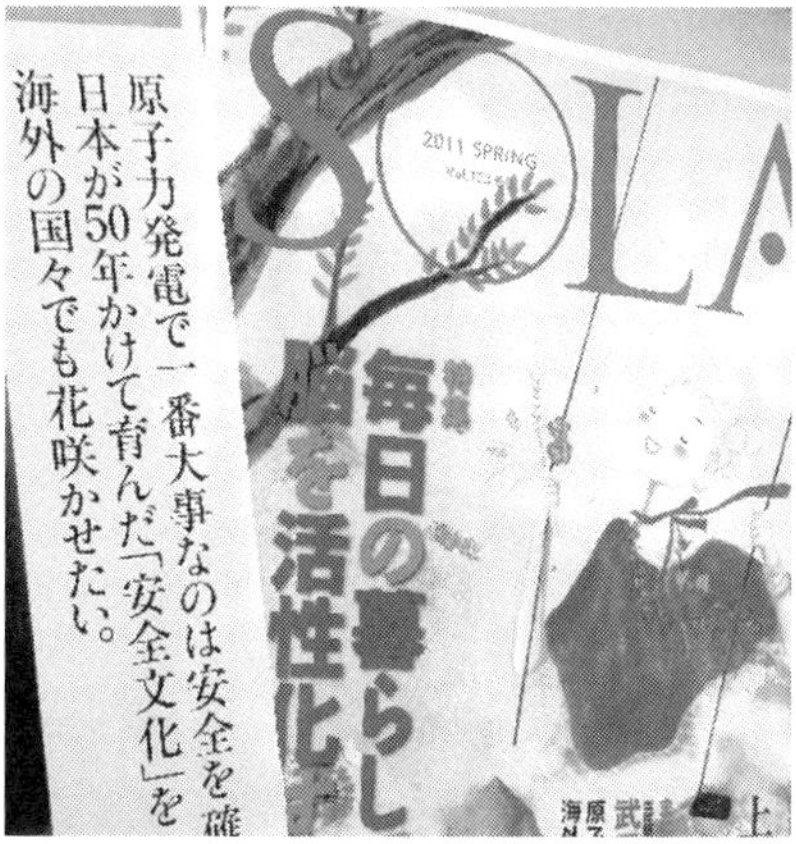
2011 SPRING
毎日の暮らし
原子力発電で一番大事なのは安全を
日本が50年かけて育んだ「安全文化」を
海外の国々でも花咲かせたい。

東京電力の情報誌「SOLA」2011年春号の表紙と対談記事の見出し

編集長は朝の情報番組のキャスターとして知られた元編集委員だった。聞くと編集長とは名ばかりで、主な仕事は、過去に取材で知り合ったタレントや歌手らとの対談記事を出すことだった。それで年間数百万円の報酬を得ていた。

取材にこう語った。「うかつにも僕の名前と経歴を東電に利用された。東電は自らの近いところに『朝日』がいるんだ、と世間に知らせたかった」

一九九八年からは元論説主幹の対談記事も載った。こちらは政財界の要人相手。時に東電の関係者と原発推進について語り合っていた。

それについて聞くと、「必要以上のお世辞は言っていない」「東電は優良な広告主だった」……。そんな答えが返ってきた。

地域独占で競争もないのに巨額の広告費を使った電力業界。反原発の声を封じる狙いが大きかったはずだ。広告費の流れた先には、たくさんの新聞社やテレビ局、出版社があった。

そうした実情を伝えた私の「マネー」編は三三回を数えた。*2 そんな検証記事を書けたことは自らを戒める意味でも良かった。


（二〇一八年一二月七日）

3「現代の幕藩体制だ」

この国の「原子力村」のど真ん中に座るのが、電力会社と経済産業省（旧・通商産業省）だ。

実は両者はかつて電力自由化をめぐって激しくぶつかった時期があった。これが後々、福島の原発事故にもかかわってくる。

起点は平成に入るころ、日本の電気料金が海外よりも高いと問題になったことだった。

*2　この連載の主要部分は、平凡社新書『日本はなぜ脱原発できないのか』（二〇一六年）に所収。

取材に答える元参院議員で元東電副社長の加納時男氏（2011年5月9日）

一方で規制に守られ高収益を維持した電力業界は、東京電力会長の平岩外四《がいし》（二〇〇七年に死去）を経団連会長に送り出すなど、権勢を振るっていた。

取材で経産省の元幹部から聞いた言葉は鮮烈だった。

「東電を筆頭とする九電力は現代の幕藩体制だ。このままでは高い電気代で競争力を失う」

そう考えた一群の官僚が、後に経産事務次官になる村田成二（七四歳）を旗頭に、電力分野で競争を促すための自由化に取り組んだ。

最終目標には、電力会社から送配電部門を切り離す「発送電分離」を置き、電気事業法の改正案を練った。「脱原発」ではないものの原発の国有化案も描いた。

バラバラにされてしまう、と恐れた電力業界は政治力に頼って、エネルギー政策の基本計画づくりを政府に義務づけるエネルギー政策基本法の策定を図った。

中心は、衆院議員で「商工族」の甘利明（六九歳）と参院議員で元東電副社長の加納時男（二〇一七年に死去）ら。東電を休職中の加納の秘書らが法案作成を支えた。

その加納に、私は事故後の二〇一一年五月、同僚と取材できた。

「基本法は安定供給と環境の二つを最優先とす

るもの。ここから（発送電の）一貫体制の維持、原子力推進ということが出てくる」

村田らの動きを封じ込めるという狙いを隠さずに語った。

基本法は二〇〇二年六月に成立。その翌月の七月、村田は事務次官に就いた。

その直後、東電が長期にわたり原発のトラブルを隠していたことが発覚した。関係者に激震が走った。

（二〇一八年一二月一〇日）

4 東電と経産が激突

電力自由化をめぐる業界と経済産業省との攻防が激化していた二〇〇二年八月、東京電力による原発のトラブル隠しが発覚した。

福島県と新潟県の計一三基の原子炉の自主点検の記録を長年にわたってごまかし、ひび割れなど二九件のトラブルを隠していた、というものだった。

血なまぐさい展開になる。

経産相の平沼赳夫（七九歳）が記者会見で「言語道断。自浄作用を発揮することを強く求める」と東電の経営陣に退陣を迫ったからだ。

これに東電社長の南直哉《のぶや》（八三歳）は「弁解の余地はない」と陳謝し、相談役の平岩外四ら歴代トップ四人の退任を発表したのだった。

私はだいぶ後に取材したが、当時の衝撃は大きかったろう。

この件は事務次官の村田成二（七四歳）が自由化への抵抗を抑えようと企てたのではと言われた。

東電の元首脳は振り返った。「誰と誰のクビを出すんだ、と村田さんに激しく迫られました」

東電首脳の総退陣を伝える2002年9月3日付の朝日新聞朝刊（東京本社版）

しかし、村田の周辺からはこう聞いた。「大臣の『言語道断』発言はこちらの不手際。『遺憾』ぐらいで良かったのに。あれで東電を追い詰めてしまった」

真相は不明だが、とにかく東電にとって経産省は「恨み骨髄」の相手になってしまった。

東電は巻き返しに出る。

経産省が進めていた地球温暖化防止のための石炭への新たな課税制度を「人質」に取った。電力業界に近い自民党議員が「議論が足りない」などと制度に強硬に反対した。

やむなく経産省は石炭課税を優先し、強硬姿勢をやわらげる。自由化を論じた審議会も「発電から小売りまで一貫した体制」の存続と明記した答申案をまとめた。

村田は二〇〇四年夏に退任。後の経産相や事務次官が自由化を前に進めることはなく、経産省と電力業界は親密な関係を取り戻していった。

激しすぎた対立の反動だろうか、今度は「ずぶずぶ」と思える関係を築く。（二〇一八年一二月一一日）

5　責任問わずモラル崩壊

「ザ・原子力村だな」。写真の中にあった顔ぶれから、私はつくづくそう思った。

二〇〇七年四月三〇日。カザフスタンであった同国国営企業と日本企業などとの原子力関連の調印式の一コマだ。内外で「原子力ルネサンス」ともてはやされたころだ。紙面には出なかったが、撮影した同僚が保存していた。

目を凝らすと、ひな壇（左）で東芝社長・西田厚聡《あつとし》（二〇一七年に死去）が先方と握手し、後ろで経済産業相の甘利明（六九歳）と資源エネルギー庁長官の望月晴文（六九歳）が拍手している。東電社長の勝俣恒久（七八歳）の姿もあった。

彼らの「その後」が興味深い。

米原発会社を買収した西田は不正会計が発覚し、相談役を辞任。金銭授受疑惑があった甘利は先ごろ、自民党の選挙対策委員長として復権した。

望月は経産事務次官を経て、今は原子炉もつくる日立製作所の社外取締役などの肩書を持つ。勝俣は原発事故をめぐり強制起訴され、刑事裁判の被告だ。

日本企業とカザフスタン国営企業などとの原子力関連の調印式（2007年4月30日）

ちなみに、この調印式のお膳立てをしたのが当時、エネ庁の原子力政策課長だった柳瀬唯夫（五七歳）だ。後に安倍晋三の首相秘書官となり、学校法人「加計学園」の愛媛県今治市への獣医学部新設問題で国会の追及を受けた。

撮影日も深い意味を持つ。

このわずか一〇日前の四月二〇日、経産省は電力一二社のトラブル隠しやデータ改ざんのうち五〇事案を悪質な法令違反と認定したと発表した。

二〇〇二年の「東電トラブル隠し」では歴代トップ四人が辞任したのに、今度は責任を厳しく問うことはなかった。「あれでモラルが完全に崩壊した」と、後に経産省OBに聞いた。そんな状況下での官民一体の大使節団だった。

こうして節度が失われていった。原発事故前には前エネ庁長官が退任四カ月で東電顧問に就くといった「天下り」

さえ許された。そんな「甘々《あまあま》」の関係があったから原発事故が起きた。私はそう思っている。

（二〇一八年一二月一二日）

6　元首相「神の御加護」

「破滅を免れることができたのは、幸運な偶然が重なった……神の御加護があったのだ」

二〇一一年の原発事故時の首相・菅直人（七二歳）の信仰者のような記述が頭の中に残っていた。二〇一二年に出版された『東電福島原発事故　総理大臣として考えたこと』（幻冬舎新書）にあった。

事故から時を経たが、菅に二〇一六年四月、インタビューした。

記事は当時、朝日新聞のデジタル版のみに載ったので、ここに要点を記したい。

菅はこう振り返った。

「福島には計一〇基の原子炉がある。もし、すべて制御できなくなったら、チェルノブイリの何十倍もの放射性物質が放出される。東京まで来たらどうするかと考えた。しかし口に出せない。対策がないのに言えば、それこそ大事《おおごと》です」

そこで菅は当時の原子力委員長の近藤駿介（七六歳）に避難地域のシミュレーションを依頼。三月二五日に近藤から官邸に届けられた報告書は、最悪のケースを想定したシナリオの場合、避難対象は東京都を含む半径二五〇キロに及ぶというものだった。

菅は恐れた。

「居住する約五〇〇〇万人が避難するとなると地獄絵です」

現実には、菅が書いたように「偶然」が重なったのかもしれない。

2号機の格納容器の圧力がなぜか急低下した。4号機の使用済み燃料プールに奇跡的に水があった。

それで、なんとか最悪のケースにまで被害が拡大することだけは免れた。

福島第一原発の事故について、「冷静に行動を」などと国民に要請した菅直人首相（2011年3月15日）

しみじみと菅は言った。

「事故の対処に人間も頑張ったけど、『頑張った』の積み重ねだけで止まったとは思えない。正直、あの時だけは『神の御加護だ』と思ったのです」

福島の被害は甚大だ。当時の菅の指揮には批判も強い。

ただ、国民の半分近くが避難する事態が想定され、一国の首相がおびえたという事実は「平成史」に残しておかないといけない．

（二〇一八年一二月一三日）

第４次エネルギー基本計画案のパブリックコメントに寄せられた意見のコピーの束。分類すると「脱原発」が圧倒的に多かった

7　熱かった「国民的議論」

あれほど熱い原発政策の論議はなかったと思う。二〇一二年夏の「国民的議論」のことだ。

福島の事故を受け、当時の民主党政権は二〇三〇年の原発比率として〇％、一五％、二〇〜二五％の選択肢を示し、国民の声を聴いた。

全国一一都市で開いた意見聴取会には約一三〇〇人が参加。討論を通して意見がどう変わるかをみる「討論型世論調査」も導入した。

国民に広く意見を求めるパブリックコメントには約八万九〇〇〇件の意見が集まった。マスメディアの世論調査も詳しく分析した。大変な労力だったはずだ。これらを差配したのが国家戦略室企画調整官の伊原智人（五〇歳）だ。元は経産官僚だ。民間企業に転じていたが、事故の後、民主党政権にスカウトされて霞が関に戻った。

その「国民的議論」で得られたデータを分析すると、大きな方向性が見えた。「少なくとも過半の国民は原発に依存しない社会の実現を望んでいる」

伊原は言った。「自民党ならこの答えが変わるとか、民主党だからこういう答えになったのではありません」。民主党政権が打ち出した「二〇三〇年代に原発ゼロ」という方針も、「この『結論』と整合性がとれていました」。

だが、二〇一二年暮れの総選挙を経て誕生した安倍政権は二〇一四年四月、原発に回帰する第四次エネルギー基本計画を閣議決定する。

この計画案のパブコメには一万八〇〇〇件強の意見が集まったが、経済産業省は原発への賛否を分類しなかった。

「ならば自分の手で」と私は経産省に情報公開請求した。開示された意見を分類してみると、「脱原発」は九四％、「維持・推進」は一％だった。パブコメは強い思いを持つ人が出すので、「偏る」傾向があるが、原発推進側にいる経産省はこれを出したくなかったようだ。

政権交代に伴って退官した伊原はいま、バイオマスのベンチャー企業経営者になっている。「サステイナブル（持続可能な）社会の実現」を目指している。

（二〇一八年一二月一四日）

8 「資本主義曲げて」再建

原発事故を起こした東京電力はいま、どうなっている？ そう聞かれて「役員に経済産業省の官僚

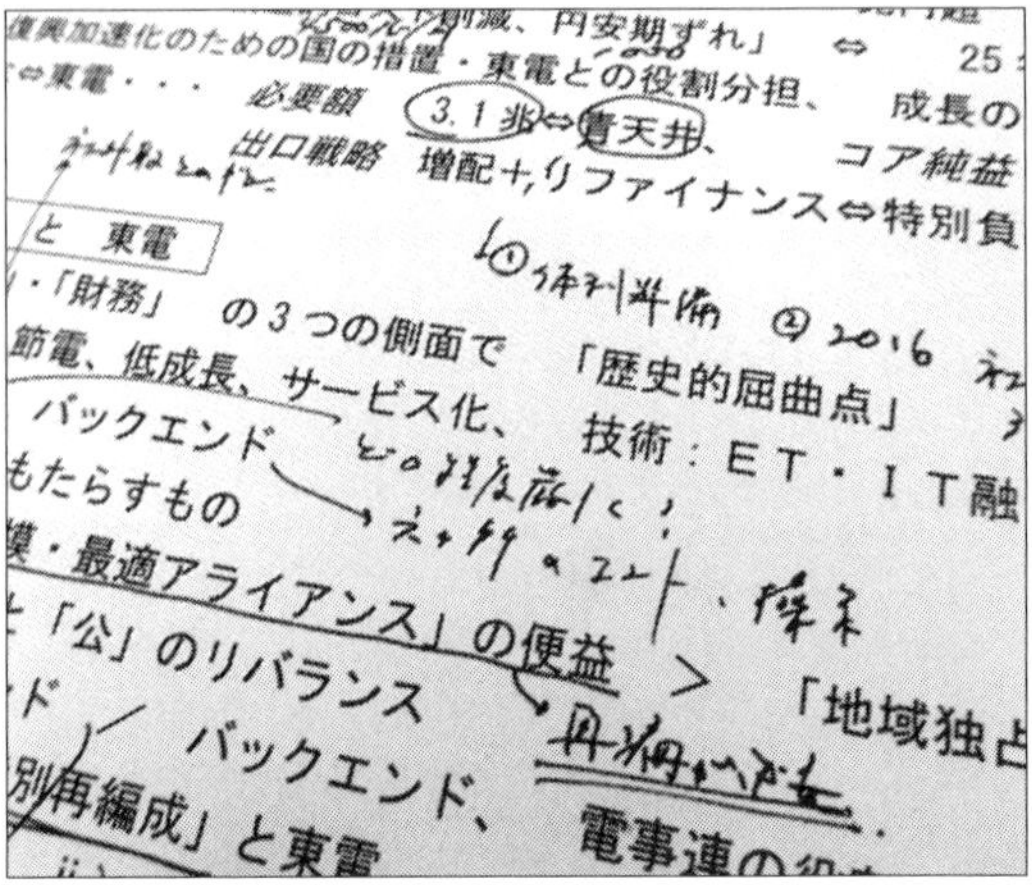

東京電力の取締役兼執行役となった嶋田隆氏が支店を巡回して話したときの手元メモのコピー。

がいますよ」と話すと驚かれる。

事故の後、世の中には東電を法的整理に、という声があった。しかし、それだと社債などの弁済が優先され、賠償資金がほとんど残らない。社員も逃げ出し、事故の収束もままならなくなる――。

それで、潰さずに実質国有化し、賠償資金を電気代から払う仕組みをつくった。二〇一八年一〇月に亡くなった当時の官房副長官・仙谷由人にそう聞いた。私たちは、この原資をまかなうために平均的な家庭で月数十円を払ってきた。

ともあれ、二〇一二年六月、一人の経産官僚が東電の取締役兼執行役に送り込まれた。現在（この記事が掲載された当時）、経産事務次官の嶋田隆（五八歳）だ。

優秀な社員が辞めていく中、士気を高めようと嶋田は「責任と競争の両立」という路線を打ち出す。賠償などの責任を果たすためにも強い会社になるという考えだ。

社内で嶋田はこう語ったという。「東電は資本主義を曲げてまで潰さなかった。福島を切り離すなら潰したほうがいい」

嶋田が支店を巡回して話した時の手元メモのコピーを入手した。右上の写真だ。日付は二〇一三年六月。刺激的なフレーズの間に、「再編が必要」との書き込みがある。

事実、嶋田が奔走して東電は二〇一五年四月、中部電力と燃料調達などを共同で行う新会社を設立している。

事故を契機に再始動した電力自由化と歩調を合わせ、旧来の電力業界の刷新も図るものだ。

一方、嶋田は政治に働きかけて除染費用に東電株の売却益を充てるといった新たな財源を手当てし、その年の夏に経産省に戻った。

私は同じころ、被災者たちが東電を相手に起こした集団訴訟の原告の数が、一万人規模になったことを記事にした。それだけ多くの人が納得していない。

その後も東電には経産官僚が送り込まれている。歴史は東電再建をどう評価するだろう。


（二〇一八年一二月一八日）

9　旧経営陣と決別したが

東京電力の再建を巡り、脱国有化に向けて自らかじ取りする「自律的経営」に移りたい東電の一部経営陣と、賠償費用などを賄うためにも収益力を高めたい経済産業省との間で激しい対立があった。

二〇一七年四月、ホールディングスの人事刷新の記者会見があった。

記者会見する（左から）東京電力ホールディングスの数土文夫氏、川村隆氏、小早川智明氏、広瀬直己氏（2017年4月3日）。

退任する会長の数土文夫（七七歳）と後任会長で日立製作所名誉会長の川村隆（七九歳）、社長を退いて副会長になる広瀬直己（六五歳）、後任社長の小早川智明（五五歳）の新旧トップ四人が並んだ。

数土は二〇一四年、経産省に請われて会長に就任。国際競争にさらされる鉄鋼会社の社長の経験から、容赦ないコスト削減を現場に求めた。これに不満を持つ社員の思いを束ねていたのが広瀬だった。元会長・勝俣恒久（七八）ら旧経営陣の期待をも背負った。

しかし、この人事で若手の小早川が社長に抜擢され、広瀬は取締役を外された。というのも前年には廃炉などに必要な追加費用が一〇兆円以上になることが判明。経産省が東電などの追加負担策をまとめていた。二〇一七年三月に発表された新しい再建計画の骨子では脱国有化への日程も先延ばしになった。

会見で、私はそうした点を数土と広瀬に聞いた。

数土は冷徹に言った。「実力もないのに『自律的』と言うよりも、政府に検討していただいて仕切り直しをやろうと。それが新経営陣のベースになっている」

広瀬は悔しさをにじませた。

「自律的経営を目指してやってきたわけですけれど、事故の大きさを改めて認識しています」

動いたのが経産省から取締役兼執行役に送り込まれた西山圭太（五五歳）。「東電のカタチを変えなければ」が口癖だ。二〇一五年秋、東電幹部に旧経営陣との「接触禁止令」を出し、社員を驚かせた。

東電は確かに変わりつつある、と多くの関係者から聞いた。

ただ、新しい再建計画も柏崎刈羽原発の再稼働が前提だ。事故を償うために別の原発を動かす。私には理解しがたい。


（二〇一八年一二月一九日）

風力発電の風車の向こうに四国電力伊方原発が見える。原発を維持するのか。自然エネルギーに転換するのか。国の選択が問われている（2018年3月26日、朝日新聞本社ヘリから）

10　世界で自然エネ革命

「地球温暖化対策に消極的な米政権下で自然エネルギーがこんなに伸びるとは。目からうろこ」

私が書いた一一月六日付夕刊の「米、自然エネ革命進行中」の記事に読者から感想をいただいた。

記事は、ソフトバンクグループ会長兼社長の孫正義が作った「自然エネルギー財団」の石田雅也へのインタビューだった。米国の電力市場を石田らが分析した報告書について聞いた。[*3]

＊3　この元になる石田雅也氏への朝日新聞デジタルのインタビュー記事を第6章に収録した。

報告書によると、米国の二〇一七年の発電設備の累計は、風力が八九〇八万キロワットと二〇一〇年の二倍以上、太陽光も五一〇四万キロワットと二五倍に拡大した。

技術革新などで発電コストが急減したからだ。発電量も自然エネが全体の一八％を占め、二〇％の原子力を追い抜くのは「時間の問題」とした。

米国のエネルギーと言えば、「シェールガス革命」が記憶に新しいが、石田は風力・太陽光発電の急増について、「次の『革命』と言っていい」と語った。

報告書は、この七年間で全米の半数以上の石炭火力が廃止になり、一〇〇基近い原発も今や半数以上が赤字に陥ったと指摘する。

石田は「安いシェールガスを使ったガス火力に押され、さらに自然エネの急増で稼働率を下げざるをえなくなったためです」と説明した。

すでに米国の電源構成で自然エネが二〇三〇年に四〇～五〇％を占めるとの予測もある。

欧州には二〇三〇年の再生可能エネルギー目標六五％を掲げるドイツなど意欲的な国が多い。

一五〇以上の国々が加盟する国際再生可能エネルギー機関（ＩＲＥＮＡ）。今年（二〇一八年）一月の総会に際し、アドナン・アミン事務局長は強調した。

「私たちはエネルギー転換の新時代に入っている」

日本はどうか。安倍政権は二〇三〇年度の電源構成で再生エネ二二～二四％、原発二〇～二二％の目標をもつ。原発事故があった平成の世が終わる。新元号のもとでも原発に頼るというのか。

（二〇一八年一二月二〇日）

この章の「1　『村』は伏魔殿」で描いた二〇一一年五月二五日付朝刊掲載の連載記事「神話の陰に　福島原発40年」一回目をここに収録する。重複する部分があることをお許しいただきたい。

＊

神話の陰に――ベールに覆われた原子力部門

東京電力の本社二階に、福島第一原発事故の政府・東電統合対策室（旧統合本部）がある。東電の内部資料に、二〇一一年四月一七日午後七時から始まった全体会議のやり取りが記されている。

「吉田所長　レベル7で発電所の域を越えている。体制の抜本的な整備を」

「武黒　今までの応急的な事象とは異なった、懐の深い取り組みが必要」

「武藤　今後の道筋は、大きな方向を二つのステップで記載。大変盛りだくさんで未経験のもの」

事故収束へ向けた工程表を発表した日だった。

発言者は福島第一原発所長の吉田昌郎（五六歳）、副社長で原子力・立地本部長の武藤栄（六〇歳）、技術系最高幹部として社長を補佐する「フェロー」の武黒一郎（六五歳）。

武黒は武藤の前任者だ。福島の吉田はテレビ会議システムで参加していた。

2011年5月25日付朝日新聞朝刊の連載記事「神話の陰　福島原発40年」の1回目に付けられた図

チェルノブイリと同じ「レベル7」の大事故への対応に追われる武黒や武藤らは、東電原子力技術陣約三〇〇〇人の最上部にいる。専門性のベールに覆われた原子力部門は、社内外から「原子力村」と呼ばれる。

九年前の二〇〇二年、村を揺るがす不祥事が起きた。原発の点検記録改ざんや虚偽報告などのトラブル隠しが発覚。原子力本部長の副社長と歴代社長四人が引責辞任に追い込まれた。

東電は「原子力部門の閉鎖性を打破する」と、再発防止に取り組む。新しい本部長には火力畑の副社長、白《しら》玉《と》良一（七二歳）が就任。現会長の勝俣恒久（七一歳）は、このとき社長になり、信頼回復を最優先に掲げた。原発の所長には広報部の幹部が就き、一般の見学を増やすなど開放に努めた。

だが、村の根本はいまも変わっていない。

柏崎刈羽原発の所長だった武黒は、トラブル隠しの管理責任を問われて減給処分を受けたが、二〇〇五年には白玉の後任として原子力・立地本部長に就任。村のトップは原子力技術者に戻った。

白玉は本部長当時、語っている。「火力と比べると手続きが多い。どこに働きかければいいのだろう。村長のいない『原子力村』に入り込んで迷っている感じだ」。

原子力生え抜きの幹部は「他部門の人にはすぐには分からない。問題は一七基も抱え、国の検査や説明に追われ、安全設計や事故を考える人がいなくなったことだった」と振り返る。

二〇〇七年の新潟県中越沖地震。柏崎刈羽原発では変圧器で火災が発生。その後も火災は相次ぎ、本部長の武黒、副本部長の武藤、原子力設備管理部長の吉田は、減給処分を受ける。社内処分を何度受けようと、村の序列が崩れることはない。

今回の事故から約二カ月後の五月一七日の記者会見。責任を聞かれた原子力本部長の武藤は「結果として大きな事故を起こして申し訳ない」と謝罪した。「結果として」の裏に「事故原因は想定外の地震・津波」との認識が見て取れる。六月に引責辞任するが、顧問として助言するという。

原子力村には、専門性のベールに加え、身内同士で固める殻で、社長も容易に手出しできない。経済産業省の元幹部は言う。「原子力部門は伏魔殿。そこを東電が支え、経済社会全体が支える構造になっている」。原子力村は東電の外にも広がっている。

▼産・政・官・学…広大な「村」

東京電力の原子力部門の始まりは、一九五五年の原子力発電課発足にさかのぼる。

手本は欧米の原子炉。「ｃｏｎｔａｉｎｅｒ（コンテナ）を格納容器と日本語に訳すには苦労した。格納庫では、ぴんと来ないし」。のちに原子力村の「ドン」と呼ばれる元副社長、豊田正敏（八七歳）は懐かしむ。

課員は五人。一九六〇年、福島県への原発建設が決まり、豊田もかかわる。その原発がレベル7の事故を起こした。

「非常用電源が津波で使用不能になったのは、設計に携わった米コンサルタント会社の配置がまずかったから。現場は気づかなかったのか。資金がかかるから言い出せなかったのか」。豊田は不思議がる。

東電は一九七一年に運転を始めた福島第一原発1号機を皮切りに、高度成長期の電力需要をまかなおうと、原発建設に邁進《まいしん》。一九九七年に運転を開始した柏崎刈羽原発7号機が一七基目で、今年(二〇一一年)、久々に新規の東通原発1号機を本格着工する予定だった。

原子力部門は、いまや約三〇〇〇人の技術者を抱える。原発の運転・維持費用は年間約五〇〇〇億円。原発をもつ九電力だと、二兆円に迫る。日本原子力産業協会の会員には、重電メーカーや商社など四〇〇社以上が名を連ねる。原子力村は、東電内にとどまらず、政界、官界から学界、労働界をも巻き込む広大な世界だ。

＊

原発は一基あたりの建設費が、三〇〇〇億円とも五〇〇〇億円ともいわれる。地域独占体制のもとでの安定した電気料金収入が、巨額の投資を可能にしている。

東電の元幹部は明かす。

「いくら費用がかかっても、(コストに一定の利益を上乗せする)総括原価方式で電気代を上げることができる。だから、経営で大事なのは地域独占を守ること。その独占を持続できるように、各方面に働きかけることが本業になった」

地域独占は、電力会社が送電網を支配しているからこそできた。一九九〇年代から二〇〇〇年代初頭にかけ、この電力の地域独占を崩そうとする動きがあった。

「東電を筆頭とする九電力は現代の幕藩体制。このままでは日本は高い電気代で競争力を失う」。経済産業省（旧通商産業省）の一部官僚が、電力自由化の旗を振った。旗頭は村田成二（六六歳）。二〇〇二年に事務次官に就き、今は新エネルギー・産業技術総合開発機構（NEDO）理事長を務める。

村田らは、電力会社から送電部門を切り離す「発送電分離」を最終目標に置く。総合資源エネルギー調査会の電気事業分科会を表舞台としつつ、電気事業法の改正案を練った。原発の国有化案もあった。

▼発送電分離の動きを阻止

危機感を強めた業界は政治力を使う。「電力族」とされる衆院議員の甘利明（六一歳）や、元東電副社長で参院議員の加納時男（七六歳）＝二〇一〇年に議員引退＝らは二〇〇〇年四月、自民党内にエネルギー政策の小委員会を旗揚げし、議員立法によるエネルギー政策基本法の制定を急いだ。

東電を休職中の秘書らが加納を支えた。法案の「安定供給の確保」という言葉には、発送電分離を阻むねらいが込められた。「原子力」の文字はないが、甘利は国会で「原子力は基本法の方針に即した優秀なエネルギー」と説明。法案の提出者には、後に官房長官になる細田博之（六七歳）も名を連ねた。

基本法は二〇〇二年六月に成立。しかし、二カ月後、電力業界で大きな不祥事が発覚する。東電の原発トラブル隠しだ。七月に次官に就いた村田は、会見で「独占供給を認めているのに期待値を裏切る」と憤った。東電は「村田が発送電分離を実現するために仕組んだのでは」といぶかった。

電力業界は窮地に追い込まれながらも、巻き返しに出る。族議員らが、電気事業分科会の自由化議論と並行して進んでいた政策導入に反対した。温暖化ガス抑制のための新たな石炭課税制度だ。村田らはやむなく、発送電分離を引っ込め、石炭課税を優先した。

族議員らは、エネルギー基本計画の策定への圧力も強めた。二〇〇三年一〇月にできた計画には「原子力を基幹電源と位置づけ」「発電から送配電まで一貫」という文言が盛り込まれた。

二〇〇四年夏、村田が退官すると、電力自由化の機運はしぼんでいく。甘利は二〇〇六年、経産相に就いた。二〇〇七年一月、各社で原発の検査データ改ざんが発覚したが、原子力安全・保安院は、経営責任を事実上、不問に付した。

産業界や族議員は三・一一の事故後も、原発推進を声高に唱えている。

▼（解説）地域独占、参入に壁

沖縄を除く九電力体制が発足したのは、六〇年前の一九五一年五月一日。

明治時代の草創期、配電会社や発送電会社が乱立していた。その後、五大電力会社に再編。戦時経済体制のもと、発電と送電を国策会社「日本発送電」が担い、家庭や工場に供給する配電を全国九つの配電会社が独占。戦後、地域独占、発送配電一貫の形で民営化された。

それらを定めた電気事業法は「不磨の大典」と言われたが、一九九五年に改正。電力の卸売りが解禁された。二〇〇〇年には大口需要家向けの小売りも認められた。

欧米では一九九〇年代以降、発電と送電の分離が進んだが、日本では電力一〇社が送電網を独占。新規参入業者は自由に送電網を使えず、火力燃料の高騰もあり、販売が伸び悩んでいる。風力や太陽光などの普及を妨げているという指摘もある。

各社とも管内の需要を自社の供給で満たす自己完結型の運用をし、各社間は一本か二本の送電線でしか結ばれていない。電力不足に対し、各社間の融通を大きく増やせないのは、このためだ。[*4]

【日本の電力の歴史】

1886年　7月　日本初の電力会社「東京電灯」開業

1939年　4月　国策の「日本発送電」設立。各地の電力会社統合

1951年　5月　発送電一体の民間9電力体制開始

1957年　8月　茨城県東海村で初の原子炉稼働

＊4　東京電力福島第一原発事故を契機に日本の電力自由化は再び動き出した。その現状や問題点は第6章の都留文科大学・高橋洋教授へのインタビュー記事を参照していただきたい。

1964年　7月　基本法である「電気事業法」制定
1971年　3月　福島第一原発が営業運転開始
1995年　12月　「卸」発電事業者の設立解禁
2000年　3月　電力の大口需要家向け小売り解禁
2001年　11月　経産省の審議会が家庭含む小売り自由化の議論開始
2002年　6月　電力の安定供給を掲げるエネルギー政策基本法が成立
2002年　8月　東京電力の「原発トラブル隠し」発覚。会長・社長辞任
2002年　12月　経産省の審議会が「発送電一体」を存続させる答申案
2003年　10月　原発推進、発送電一体のエネルギー基本計画決定
2007年　1月　東電の「データ改ざん」発覚
2007年　7月　新潟県中越沖地震で柏崎刈羽原発が全機停止

第2章

問われる事故の責任

正直に言うと、私には後ろめたい気持ちがある。

東京に生まれ育ち、社会人になっても東京暮らしが長い。そんな私を含めて首都圏に住む人々は、福島県や新潟県にある原発でつくられた電気に多くを依存していた。

福島県は東京電力ではなく、東北電力の供給エリアにあった。なのに、首都圏への電力供給のために立地された原発が事故を起こし、福島の人々に、途方もない苦労を強いている。

私は経済部に所属しているため、仕事のうえで、事故被災者らの話を聞く「任務」はない。

それでも原発やエネルギーの問題を書くにあたって、ときに被災者の声をじかに聞かなければいけないのでは、との思いにかられる。

見渡してみると、一部の被災者が、東電や国の姿勢に納得がいかない、と各地で集団賠償訴訟を起こしていた。その原告らの声を聞き、何を求めているのか、何が争われているのか、といったことを世の中に伝えることは、東京を拠点とする私にもできるはず。そう思い立って、これまで集団賠償訴訟の記事を何度か書いてきた。

この章では、事故から八年が経った二〇一九年時点での各地の裁判の状況を描写した夕刊連載「現場へ！　福島原発事故裁判」を収録した。時を経てもなお解決されてない問題がそこにあることが分かる（掲載日は末尾に記した。肩書や年齢は掲載時のもの）。

一方で私は裁判を取材した経済部記者として一つの疑念を消せないでいる。

それは、東電の経営と津波対策への資金拠出に何らかの関係があったのではないか、というものだ。

電力業界は長い間、必要な経費を電気代に上乗せできる「総括原価方式」が認められていたが、電力自由化で料金競争が始まり、コスト意識が求められるようになっていた。しかも、東電の場合は二〇〇七年年七月に起きた新潟県中越沖地震により柏崎刈羽原発が運転を停止、経営的な厳しさを増していた。状況的に津波対策に巨費を投じる決断を下すことは難しかったのではないか。

この章の後段では、そんな問題意識も持って事故をめぐる裁判の状況を整理してみた。

1 「何の責任も取ってねえべ」

とてつもない災厄を地域に与えた二〇一一年の東京電力福島第一原発事故は、どう裁かれるのか。福島県民ら一万人を超す人々が国や東電に慰謝料などを求めた全国で約三〇件にのぼる集団訴訟の審理が山場を迎えている。強制起訴された東電旧経営陣三人の刑事裁判の判決も二〇一九年九月に出る。[*1] 原告や関係者のいまを追った。

＊

「キャベツ畑に立っているように見えたんです。したら、あー、足が地面についていなかった。木

＊1 刑事裁判の二〇一九年九月の東京地裁判決はこの章の後段に収めた。

樽川和也さんと収穫間際のトウモロコシ（2019年6月13日、福島県須賀川市）

にロープがかかっていて……」

福島県須賀川《すかがわ》市で農業を営む樽川和也さん（四四歳）はドキュメンタリー映画「大地を受け継ぐ」の中で、首をつった父・久志さんを見つけた時のことを涙声で語った。野菜の出荷停止の通知があった二〇一一年三月二三日の翌朝のことだ。

無農薬で育てた七五〇〇個のキャベツは収穫間際。作物と農地が汚染されたことへの絶望感ははかりしれない。和也さんは久志さんを一人では下ろせず、母を呼んで二人がかりでロープを外した。

和也さんはその後をどう過ごしているだろう。放射能の影響を考えて露地でなくビニールハウスで栽培するトウモロコシの収穫期を前に自宅を訪ねた。記憶に残る東電の対応を教えてくれた。

「大変なご心配とご迷惑をおかけしております」。父の自死をめぐっては東電と和解に至ったが、届いた文書にはそう書かれてあった。和也さんは言う。「野菜の出荷停止とかの賠償もまず、その文章で始まるのね。パソコンに入っている定型文ですよね」

久志さんは農業の師だった。「オヤジはいい土をつくるのに一〇〇年かかると言っていました」。米や大豆などの放射能は基準値以下でもゼロではなかった。ただ、東電が賠償するのはあくまで事故前との差額分なので、売らなければならない。「罪を犯しているみたいな気分でした」

*

父のことを真剣に聞いてくれた弁護士が取り組む、元の生業《なりわい》と地域を返せと訴える「生業訴訟」の原告になった。「おまえら、何の責任も取ってねえべって」

「生業訴訟」の第一陣の原告数は全国の集団訴訟で最大の三八二四人いる。和也さんは原告たちを代表して二〇一五年一一月、福島地裁での本人尋問で証言台に立った。

福島地裁前でデモ行進する「生業訴訟」第2陣の原告ら（2019年6月25日）

尋問の核心は、父が丹精こめた農地という「現場」だった。出荷できなくなったキャベツは「トラクターで土に耕した」。田んぼには放射能の吸収を抑える塩化カリウムをまいた。そして訴えた。

「農地は農業者にとっては働く職場なんです。それを事故によって一瞬にして汚染され、職場を奪われたのと同じような状態です」

福島地裁は二〇一七年一〇月、国と東電の責任を認め、一部の賠償を命じたが、放射線量を事故前の水準に下げる原状回復請求は、実現可能な方法がないなどとして却下した。これに原告と被告の双方が控訴し、仙台高裁での審理が進む。

事故から八年余――。汚染された自作飼料の腐葉土などを詰めたフレコンバッグ二四個が樽川さん宅の敷地に埋まったままの状態は何も変わっていない。

（二〇一九年七月二九日）

2 「ふるさとの喪失」を償って

二〇一一年の東京電力福島第一原発事故は償われているのか。各地の集団訴訟では、「ふるさとの喪失」が焦点になっている。

政府の審査会が二〇一一年八月にまとめた賠償の目安となる「中間指針」は、避難指示に基づく住民への慰謝料を一人月一〇万円とした。自動車事故で最低限の償いをする自賠責保険が参考にされた。なぜ自賠責なのか？ 被災者らが「それはおかしい」と訴える論拠となっているのが「ふるさとの喪失」という損害の概念だ。

裁判官に理解してもらおうと、現地検証も行われている。それはどんな「現場」なのか。

＊

原発から北西にわずか数キロ。二〇一六年九月、双葉町内で小川貴永《たかひさ》さん（四九歳）が営んでいた養蜂場を、防護服に身を包んだ裁判官らが訪れた。荒れ放題で、線量計の値は高い所だと毎時六マイクロシーベルトを超えた。事故前の一〇〇倍以上。さすがに裁判官も驚いたようだった。双葉郡からの避難者らが東電に賠償を求めた「いわき避難者訴訟」の現地検証の一コマだ。

高校卒業後、東京で暮らしていた小川さんは三四歳の時に一念発起して故郷に戻り、養蜂や果樹栽培を始めた。ハチミツは人気を呼び、それらの農産物を使ったレストランを開こうとしていた。だが事故で事業は絶望的になった。

二〇一八年三月の一審判決は、既払いの賠償金に一五〇万～七〇万円を上乗せしたが、「ふるさとの喪失」を独立した項目としては検討せず、評価額も小さかったため、小川さんら原告は控訴した。

「養蜂業は再開できず、自宅は野生動物やどろぼうの侵入により荒廃し、更地にせざるをえませんでした……。帰れる場所をなくしました」

小川さんは二〇一八年一二月、仙台高裁でそう陳述した。今はいわき市内の復興公営住宅の一角で食堂を営みつつ控訴審を闘う。＊2

福島県双葉町内の養蜂場の現地検証に臨む防護服姿の関係者ら（2016年9月、弁護団提供）

＊2　この控訴審の二〇二〇年三月の仙台高裁判決もこの章の後段で扱う。

いわき市の復興公営住宅内に食堂を開いた小川貴永さん

福島市に開いた「椏久里」福島店でコーヒーをいれる市澤秀耕さん

＊

この「ふるさとの喪失」という概念は、大阪市立大学教授の除本理史《よけもとまさふみ》さん（四七歳）が、被災者らへの聞き取り調査から、「中間指針」ではカバーできていない損害がある、と提起したものだ。

その具体化に役立ったという本が、飯舘《いいたて》村でコーヒー店を営んでいた市澤秀耕《いちさわしゅうこう》さん（六五歳）が書いた『椏久里《あぐり》の記録』（言叢社《げんそうしゃ》）。二〇一三年三月の出版だ。

実家が農家で村おこしをしたかった市澤さんは一九九二年、自家栽培の農産物も直売する自家焙煎《ばいせん》のコーヒー店「椏久里」を地元に開店。店名はアグリカルチャー（農業）から付けた。

創業から二〇年近く。東京から来た女性客は窓から見えるブルーベリー農園に「素敵！」と声をあげた。市澤さんは「この言葉を求めて椏久里を続けてきた」と書いた。

だが、事故で福島市に避難。「夢を描き出来上がりかけていたキャンバスが突然切り裂かれた」

東京地裁での集団訴訟に加わったが、二〇一九年三月の判決は「ふるさとの喪失」に相当する損害を認めなかった。「無念です。でも今後に時間と頭を使いたいので控訴はしませんでした」と市澤さん。

福島市内に開いた「椏久里」福島店を運営しつつ、飯舘村での再開を探っている。

（二〇一九年七月三〇日）

3 「子を危険に」 親たちの苦悩

二〇一一年の東京電力福島第一原発事故で放射能に襲われた時、避難指示が出ていない地域でも小さな子を持つ親は苦しみ、悩んだ。避難した人もしなかった人も同じだ。各地の集団訴訟でそれぞれの親たちが葛藤した苛烈《かれつ》な日々が改めて浮き彫りになった。

＊

二〇一九年一月。証言台の小林敬子さん（五二歳）＝仮名＝は、東電側の代理人弁護士の質問に、

原発事故の避難者が国と東電に賠償を求めている関西の集団訴訟。法廷後は集会を開いて気勢を上げる。中央で左の拳を握っているのが森松明希子さん（2019年5月23日、大阪市北区）

「なんて意地悪な」と内心、憤った。

福島県いわき市の住民が、東京電力や国に損害賠償を求めた「いわき市民訴訟」。福島地裁いわき支部の本人尋問でのことだった。

事故の時、長男は一〇歳、長女は七歳。二人ともアレルギー体質のため天然素材の家を建ててローンを抱えていた。事故で敬子さんは子どもの被曝《ひばく》をおそれ、二人を連れて長野県の夫の実家に避難。作業療法士の夫は地元に残った。が、避難指示が出ていないので慰謝料はわずか。経済的に苦しく、家族の一体感も失いたくないと、二〇一一年の暮れ、いわき市に戻った。

それなのに東電側は、インフラも回復したのだからもっと早く戻れたのでは、とただした。

「自宅の周りにはセブン―イレブンとかございますね。開いているか旦那さんに聞かれましたか」

「バスはもう回復しているのとか、話題には上りましたか」

敬子さんはこみ上げる感情を抑えつつ反論した。

「そこは第一の問題ではなくて、放射能がどうなのかだけが本当に中心なんです」

＊

二〇一八年三月、スイス・ジュネーブであった国連人権理事会。原発事故で母子避難している森松明希子さん（四五歳）は、英語で必死に悔しさを訴えた。

「空気、水、土壌がひどく汚染される中、私は汚染した水を飲むしかなく、赤ん坊に母乳を与えてしまいました」

福島県郡山市は避難指示は出なかったが、当時、三歳の長男と〇歳の長女の被曝を恐れ、二〇一一年五月、土地勘のある大阪市に三人で避難した。二〇一三年九月、大阪地裁に集団訴訟を起こし、原告団代表に。

地元に残った医師の夫との二重生活を支えるため、平日は働き週末は講演で全国を飛び回る。

「直ちに影響はなかったとしても、生涯、自分や子どもたちに出るかもしれない健康被害の可能性と向き合っていかなければならない現実があるのです」。二〇一六年六月の法廷でそう訴えた。

＊

シリーズ初回で取り上げた「生業《なりわい》訴訟」の原告団事務局長を務める服部浩幸さん（五〇歳）は、福島県二本松市東部でスーパーマーケットを営む。

周囲半径五キロに食料品店はない。事故後、避難指示は出ず、店は地域住民ばかりか、近くの浪江町から逃げてきた避難者にとっても唯一の食料供給基地になった。閉店できなかった。

スーパーマーケットを切り盛りする服部浩幸さん（福島県二本松市東部の旧東和町）

当時、中学一年の長女、小学四年と幼稚園児の息子二人がいた。二〇一七年三月、浩幸さんは福島地裁の法廷で語った。「子どもたちを危険にさらしてしまったのではないかと自責の念に駆られています」

平穏で幸せな暮らしを壊した原発事故。東電や国は一人ひとりの苦悩を全く理解していない、と訴える親たちがいる。

（二〇一九年七月三一日）

4　遠い和解「理屈抜きの対応に」

「本日をもって解団したい。いかがでしょうか」

二〇一九年七月六日午前。「飯舘村民救済申立団」が福島市内で開いた総会。元酪農家で団長の長谷川健一さん（六六歳）が特有のだみ声で提案すると、会場から「異議なし」の声が飛んだ。

ひっそりと解団が決まった。

二〇一一年の原発事故で全村避難を余儀なくされた村民の怒りは強く、実に村民の半分の約三〇〇〇人が二〇一四年一一月、国の原子力損害賠償紛争解決センター（原発ADR）に慰謝料など賠償の増額を申し立てた。

結局、センターが示した和解案に基づき一一億円強の追加賠償が得られたが、初期被曝慰謝料は東京電力がすげなく拒否。さらなる進展が見込めず解団となった。

長谷川健一さん（右端）が団長だった「飯舘村民救済申立団」は解団を決めた（2019年7月6日、福島市）

＊

ADRは賠償問題を裁判より早く解決するために設けられた仕組みだが、集団申し立てで東電が和解案を拒むケースが相次ぎ、二〇一八年以降の主なものだけで一〇件に。計二万人を超す被害者が満足のいく救済を受けられない恐れがある。

賠償の目安となる国の中間指針を超えて賠償額が大きく膨らむのを避けたいとの国・東電の思惑がにじむ。

総会で弁護団共同代表の河合弘之さん（七五歳）は、途中で国・東電の方針転換があったと分析した。「払えないものは払えない、と理屈抜きの対応になった」

今後、集団訴訟に移るのか。長谷川さん自身は「しない」と言った。

「村民が怒っているという意思表示はできた。でも、オレは疲れた。ここまで五年。裁判になるとまた年数がかかる」

長谷川さんは事故後、飼っていた乳牛を処分。妻、両親と福島県伊達市の仮設住宅に入った。二〇一八年五月には地域が荒れるのを見ていられないと村に戻ったが、周囲に若手はいない。

「オレは年金生活だけど青年団長だ」と笑った。

＊

集団訴訟で最大の「生業訴訟」の控訴審。弁護団事務局長の馬奈木《まなぎ》厳太郎《いずたろう》さん（四三歳）は、東電が二〇一九年六月に仙台高裁に提出した陳述書の一文に驚いた。

「訴訟を提起している被害者数は、おおむね一万三〇〇〇人にとどまっている……中間指針等に基づく裁判外での紛争解決が図られています」

山形地裁前で行進する武田徹さん（右端）（2019年7月12日、山形市）

声をあげた人は少数派だ、と読めた。馬奈木さんは怒る。

「賠償は不十分とする集団訴訟の判決やADRの和解案で、国の中間指針では損害がきちんとカバーされていないことが明確になっている。中間指針の見直しこそ必要です」

事故の被害者のはずが、裁判の被告になる例さえ起きている。

「原発事故被災者を追い出しするな」。武田徹さん（七八歳）らのデモ行進の横断幕にそうあった。

事故で福島市から避難し、二〇一一年四月に山形県米沢市の雇用促進住宅に移った。避難指示のない区域からの「自主避難者」に対する住宅の無償提供が頼りだったが、それが二〇一七年三月末で打ち切られた。

住宅を管理する独立行政法人は二〇一七年九月、有償契約を拒否した武田さんら八世帯に立ち退きなどを求める訴訟を山形地裁に起こした。

被告の武田さんは言う。「国と東電が責任を取らずに、被災者に『出ていけ』とは。こんな理不尽はありません」[*3]

（二〇一九年八月一日）

5 大津波、警告したはずなのに

巨大津波への警告は出していた——地震学の第一人者である東京大学名誉教授・島崎邦彦さん（七三歳）が福島原発事故をめぐる裁判でそう主張している。

日本地震学会長や地震予知連絡会長などを歴任。二〇〇二年七月、政府の地震調査研究推進本部の部会長として、福島沖を含む三陸沖から房総沖の大津波の可能性を示す「長期評価」をまとめた。

＊3 この訴訟は二〇二〇年三月、和解が成立。ただ詳細な和解内容は明らかにされなかった。

各地の集団訴訟で原告側は、これに基づいて早く対応していれば、事故は防げたはずだとしている。東京電力が事故後に出した事故調査報告書によると、東電は二〇〇八年、「長期評価」に基づき、福島第一原発の津波を計算、最大浸水高一五・七メートルの数値を得ていた。

島崎さんは二〇一五年七月、千葉地裁の証言台に立ち、この計算値についてきっぱりと言った。

「長期評価は二〇〇二年七月末に公表しております。ですから、その内容を理解して、計算能力があれば、おそらく八月中、遅くとも一〇月くらいまでにはこのような数値を得ることはできたのではないかと思います」

＊

他の集団訴訟でも原告側はこの島崎さんの証言を元にした準備書面を提出。これも大きな決め手となって、東電の責任を認める一審判決の流れができた。

島崎邦彦・東大名誉教授

刑事裁判の判決があると告げるチラシをかざす武藤類子さん（2019年7月12日）

二〇一九年九月には東電の旧経営陣三人の事故を招いた責任を問う刑事裁判の判決が出る（後述）。こちらも東電の「長期評価」に基づく一五・七メートルの数値と対策が焦点だ。

特に二〇〇八年六月、この数値の報告を受けた被告の武藤栄・元副社長が、翌月に「土木学会での検討」を指示したことが、対策の先送りだったのではないかと問われている。

問題は根深い。島崎さんは事故後、国の中央防災会議で「長期評価」がないがしろにされたのは原発の「存在」があったのでは、と疑うようになった。

純粋に「長期評価」に従って対策を取っていたら、原発事故を防げたし、津波の犠牲者も少なかったはずだ――。

二〇一八年五月の公判で、島崎さんは防災会議が津波の想定に「長期評価」を採用しなかった理由を証言した。

「原子力施設にとって一〇メートルを超えるような津波が来るという予測は困った ものに違いない……防災会議のかなりの方は原子力施設の審査等に関わっていらっしゃいました……原子力に関係した、何かがあったに違いない」

＊

貴重な証言が相次いだのを受け、島崎さんは九月の判決当日、報道機関に話す予定のコメントの一部を教えてくれた。「判決がどうあろうと、いろいろな事実が明らかになったことが重要です」

事故の刑事責任を問う福島原発告訴団の団長・武藤類子さん（六五歳）も言う。「責任の追及に加え、裁判を通じて隠されていた真実を知ることも大事です」

八年前の二〇一一年九月、東京での「さようなら原発集会」で「私たちは静かに怒りを燃やす東北の鬼です」と誓った武藤さん。三七回に及ぶ公判すべてを傍聴した。

なぜ、事故は起きたのか。そしてその責任と償いは――。福島原発事故をめぐる裁判が正念場にさしかかっている。

（二〇一九年八月二一日）

6 「経営」を「安全」に優先させたのか？

夕刊連載「現場へ！　福島原発事故裁判」で島崎邦彦・東大名誉教授の話を書いたが、原発事故をめぐる裁判では、東電の津波対策が大きな焦点になっている。

強制起訴された東電の旧経営陣三人の刑事責任を問う裁判が二〇一七年に東京地裁で始まった際、経済部記者の私は、朝日新聞の言論サイト「ＷＥＢＲＯＮＺＡ（現「論座」）」に、東電の経営と津波対策への資金拠出の関係についての論考「『経営』を『安全』に優先させたのか？」（二〇一七年七月六日）を出した。ここに収録し、改めて問題提起したい。

＊

▼津波に有効な対策を取れたか？

「経営」を「安全」に優先させたのか？——東京電力福島第一原発事故をめぐり、強制起訴された旧経営陣三人の刑事責任を問う裁判が二〇一七年六月三〇日、東京地裁で始まった。

最大の争点は、原子力部門を統括した元副社長の武藤栄被告らが二〇〇八年ごろ、事故につながる巨大津波を予見していたのではないか、そして有効な対策を取れたのではないか、ということだ。その判断に、もしかすると当時の東電の経営状況が影響したかもしれない。私の関心は、そこにある。

というのも、東電は二〇〇七年七月に起きた新潟県中越沖地震により柏崎刈羽原発が運転を停止し、当時、とても経営的には苦しくなっていた。それで巨額の費用が必要になる防潮堤の建設をためらった可能性があったのか、なかったのか。

以下、こうした視点で、六月三〇日の初公判で語られたことなどを整理してみる。

東京地裁前に集まった福島原発刑事訴訟支援団の人たち（2019年6月30日）

▼「担当者は資料を用意して……」

まず、検察官役の指定弁護士は冒頭陳述で、東電の土木調査グループの担当者らは二〇〇八年（以下、年を省略）一月一一日、子会社の東電設計に津波の評価を委託。東電設計は三月一八日、明治三陸沖地震の波源（津波の発生源）モデルを福島県沖海溝沿いに設定した場合、津波の最大値が一五・七メートルになるとの試算結果を示した。

さらに、東電設計は四月一八日、海抜一〇メートルの地盤上に高さ一〇メートルの防潮堤を設置すべきだ、とする対策を報告したという。

冒頭陳述によれば、そこで東電の土木調査グループの担当者らは、この東電設計の検討結果が、「大がかりな対策を必要とする内容であり、予算上だけでなく、地元等に対する説明上も非常に影響が大きい問題」だとして、六月一〇日、武藤被告にその検討内容等の資料を準備して報告した、という。

▼「責任を適切に果たしていれば……」

これを受けた武藤被告は七月三一日、「どのような波源を考慮すべきかは、時間をかけて（産官学の土木技術者による）土木学会に検討してもらう」との方針を指示。これが、「それまで土木調査グループが取り組んできた一〇メートル盤を超える津波が襲来することにそなえた対策を進めることを停止することを意味していた」と主張した。以上が、冒頭陳述からの抜粋だ。

この試算結果について、指定弁護士は、武藤被告が八月上旬ごろに元副社長の武黒《たけくろ》一郎被告に報告した、とした。また、翌二〇〇九年二月一一日、元会長の勝俣恒久被告も参加した社内会議で、当時の設備管理部長が「もっと大きな一四メートル程度の津波がくる可能性があるという人もいて」などと発言していたことを明らかにした。

こうして指定弁護士は冒頭陳述の最後、「被告人らは、何らの具体策を講じることもなく、漫然と本件原子力発電所の運転を継続した」とし、「被告人らが、費用と労力を惜しまず、課せられた義務と責任を適切に果たしていれば、深刻な事故は起きなかった」としめくくった。

▼柏崎刈羽が地震で被災、赤字に

では、当時の東電の経営状況はどうだったか。以下のニュースは前述の津波への対応が検討された時とほぼ重なっている。

東電は二〇〇八年四月三〇日、同年三月期決算で当期損益が一五〇一億円の赤字に転落したと発表した。地震で被災して止まった柏崎刈羽原発分の穴埋めを、石油火力の発電や他電力会社からの購入でまかなうのに四二〇〇億円もの費用が発生したことなどが理由だった。

赤字は、第二次石油危機の影響を受けた一九八〇年以来二八年ぶりのことで、相当厳しい局面だったことがわかる。

さらに東電は六月二六日には、九月をめどに電気料金の仕組みを改定すると発表。燃料価格の上昇を、これまで以上に料金に反映できるようにするもので、事実上、二〇〇九年一月からの料金値上げを見込んだ制度改定だった。

柏崎刈羽原発の停止に加えて、原油価格の高騰が重なり、経営の屋台骨が揺らぎかねない状況に追い込まれていたのだ。

東京地裁に入る武藤栄被告（左）、武黒一郎被告（中）、勝俣恒久被告（右）（いずれも 2019 年 9 月 19 日午前、東京都千代田区）

ちなみに、三人を強制起訴すべきだとした二〇一五年七月の東京第五検察審査会の二度目の議決は、二〇〇八年七月の土木学会への検討委託の判断について、「福島第一原発の安全対策のために発生する数百億円以上におよぶ支出を避け、安全対策よりも経済合理性を優先して単なる先送りをしたとみられる余地がある」と記している。

興味深いことに、業界紙の電気新聞は二〇〇八年一〇月八日、関東地区では中越沖地震の影響を受けての設備投資の抑制で送電線工事が落ち込んでいる、との記事を出している。ただ、この記事には安全対策にかかわる設備投資の記述はない。

▼武藤被告らはどう反論したか

初公判で、武藤被告ら三人はどう反論したか。報道からひろってみた。

武藤被告の弁護人は、二〇〇八年六月に津波の報告を受けたことは認めたが、「専門家の判断を得て対策をするのは妥当で、『先送り』との評価は誤りだ」などと主張した、という。

武黒被告の弁護人は、一五・七メートルの津波が押し寄せるという武藤被告からの報告を二〇〇八年八月に受けたとの指摘について「記憶にない」と真っ向から否定した。

また、勝俣被告の弁護人は、「権限がなく、（部下の）判断を尊重していた」などとした。

結局、初公判とあって、当時の経営状況にまで踏み込んだやりとりにはならなかった。今後、検察官役の指定弁護士には、ぜひ、ここを追及してもらいたい。一方、被告にはこの点を正直に語って欲しい。被災者だけでなく、国民の多くも知りたいところなのだ。

いま、この国の政権は、原発維持とともに電力の自由化という「二兎《にと》を追う」方針だ。勝ち組も出れば負け組も出るのが自由化だ。

経営が悪化した大手電力の経営者は、それでも原発の安全対策だけはしっかりとお金をかけると言えるのかどうか。

この裁判での東電旧経営陣の「体験談」から確認せねばなるまい。

7 「収支が悪化する」と調書に。判決は……

刑事裁判ではその後、福島第一原発をめぐる一〇メートル超の津波予測が公になれば、「大規模な工事が必要となり、国や地元から運転停止を求められ、さらに収支が悪化する」といった見方について、社内で話し合われたことを明らかにした東電元幹部の供述調書が証拠採用された。

私の問題提起にかかわるところだが、さらなる「解明」はなかった。刑事裁判の東京地裁判決は、二〇一九年九月一九日に出された。これを報じた記事から主要部分を抜粋、収録しておく。

▼東電旧経営陣三人、無罪　「津波予見は困難」　地裁判決　（二〇一九年九月二〇日朝刊）

二〇一一年三月の東京電力福島第一原発事故をめぐり、旧経営陣三人が業務上過失致死傷罪で強制起訴された裁判で、東京地裁は一九日、勝俣恒久・元会長、武黒《たけくろ》一郎・元副社長、武藤栄・元副社長の三被告にいずれも無罪（いずれも求刑・禁錮五年）の判決を言い渡した。（中略）

判決はまず、事故の大きな要因は主要施設の敷地の高さを上回る一〇メートル超の津波で原子炉建屋が浸水し、全電源を喪失したことだと認定した。

その上で、三人が巨大津波の情報に接した二〇〇八年六月～〇九年二月ごろから浸水対策や電源高台への移設工事などを始めても、東日本大震災までに完了したか不明だと指摘。事故を防ぐには一一年三月初旬までに運転を止めるしかなく、生活・経済を支える原発の「有用性」を踏まえれば、当時の安全基準に照らした慎重な判断が必要とした。

続いて、三人が津波対策をとるべきだったか「決定的に重要」な判断材料として、国が二〇〇二年に公表した地震予測「長期評価」の信頼性を検討。東北沖でマグニチュード八・二級の津波を伴う地震が来る可能性を示したもので、東電設計は〇八年三月、これに基づき「最大一五・七メートル」の津波が来ると予測。その後、この予測は武藤らに伝わっていた。

しかし、判決は、長期評価について、専門家らから疑問が示された▽他の電力会社も全面的には採り入れていない▽国も直ちに安全対策や運転停止を求めなかった――などの理由を挙げ、「事故当時としては、信頼性や具体性に疑いが残る」と指摘。長期評価に基づいて対策をすべきだったとする検察官役の指定弁護士の主張を退けた。

東京電力旧経営陣３人に対する無罪判決を受けて、東京地裁前で集会を行う福島原発刑事訴訟支援団のメンバー（2019年9月19日）

また、東電が国の審査基準をクリアしており、社内外に「運転を止めるべきだ」という意見がなかったことも考慮し、地域への影響が大きい運転停止を三人に義務づけるだけの予見可能性はなかったと述べた。（後略）*4

8　集団訴訟　東電の責任を認める流れ

一方、被災者らが各地で起こしている集団賠償訴訟では、東電

*4　検察官役の指定弁護士はこの東京地裁判決を不服として二〇一九年九月三〇日、東京高裁に控訴した。

の責任を認める一審判決の流れができている。そして二〇二〇年三月には初の高裁判決が出た。この章の「2 『ふるさとの喪失』を償って」で書いた小川貴久さんらが起こした訴訟だ。その記事も抜粋し、収録しておく。

▼東電賠償を増額、津波対策不備を重視（二〇二〇年三月一三日朝刊）

東京電力福島第一原発事故で避難した福島県の住民二一六人が、東電に損害賠償の増額を求めた集団訴訟の控訴審判決が一二日、仙台高裁であった。小林久起裁判長は、約七億三三五〇万円の支払いを命じた。一審判決から約一億四九九五万円増額された。全国で約三〇ある原発事故の集団訴訟で初の高裁判決となる。

原告は双葉郡や南相馬市など避難指示区域に住み、事故で強制避難を余儀なくされた住民ら。裁判では、ふるさとでの暮らしが破壊され、長引く避難生活で精神的苦痛を受けたとして、一審判決から約一八億八〇〇〇万円増額した慰謝料を支払うよう求めていた。

判決によると、東電は遅くとも二〇〇八年四月には、大地震による津波で原発内の電源設備が機能を失う可能性を認識しながらも、具体的な津波対策工事を先送りしたと指摘。「対応の不十分さは、誠に痛恨の極み」として、慰謝料を算出するための重要な事情になると判断した。

そして、避難を余儀なくされた▽避難生活の長期化▽ふるさとの喪失と変容――の三つに分け、慰謝料増額を認定。原告のうち一四六人に対し、国の指針を一二〇万～二五〇万円上回る慰謝料を支払うよう東電に命じた。残りの約七〇人には一審判決と同額の支払いを命じた。（中略）

東電広報部は「判決内容を精査し、対応を検討する」とコメントした。*5

▼「ふるさとの喪失」認められた　初の高裁判決（二〇二〇年三月一三日朝刊・福島県版）

東京電力福島第一原発で最初の水素爆発が起きて九年となる一二日、事故を巡る集団訴訟で初の高裁判決が出た。一審判決の賠償額から約一億四九九五万円の増額が認められ、原告団からは「原発事故による『ふるさとの喪失』が認められた」と喜びの声が上がった。

「被害者の立場から率直に見れば、事故に至るまでの被告東電の対応の不十分さは、誠に痛恨の極みと言わざるを得ない」。小林久起裁判長は東電側の弁護団に目を向けながら、ゆっくりと判決理由を読み上げた。判決の言い渡しが終わると、傍聴席からは拍手が上がった。

原告団長の早川篤雄さん（八〇歳）は判決後、「本当に良心的な判決で、予想以上の内容が認められた」と涙をぬぐった。

原発事故で双葉郡などから避難を強いられた住人たち二一六人が、ふるさとでの暮らしを奪われたことへの賠償を求めた訴訟。二〇一

判決を受けて会見に臨む原告の小川貴永さん（左）と早川篤雄さん（2020年3月12日）

＊5　東電はこの仙台高裁の判決を不服として二〇二〇年三月二六日、最高裁に上告した。

八年三月に出た福島地裁いわき支部の一審判決では原告一人あたり七〇万～一五〇万円を既払いの賠償金に上乗せしたものの、原告らの訴えてきた「ふるさとの喪失」については、独立した賠償項目として認めていなかった。

今回の高裁判決は「原発事故により、地域における自然環境との関わりや、住民どうしの緊密な結びつきからなる生活基盤としての『故郷』が喪失または変容した」として、「ふるさとの喪失」への賠償を認めた。（後略）

＊

福島原発事故をめぐる裁判を追ってきた私としては、焦点だった「ふるさとの喪失」が高裁でも認められたことは、とても感慨深い。しかし、津波対策に絡んでは、東電の経営陣が実際にどのような判断を下したのか、まだまだ解明されるべき点が残っていると思う。

第3章

「原発ゼロ」を求めて

二〇一一年三月の東京電力福島第一原発事故のあと、国民の間には、脱原発を進めるべきだ、「原発ゼロ」を目指すべきだ、といった声が強くなった。

しかし、二〇一二年暮れに誕生した安倍政権は、維持路線を強引に推し進めてきた。強大な「原子力村」の力の前には脱原発は無理なのか。脱原発を願う人々の間には、あきらめ感が漂った時があった。

だが、絶大な人気を誇った小泉純一郎元首相が「原発をゼロに」と声を挙げるなど、「安倍一強体制」のもとでも、脱原発を求める動きが絶えることはなかった。

国内で原発の新増設に向けた動きが鈍いのも、脱原発の声が国民の間に再び強まり、政権批判につながるのを、安倍政権や大手電力が怖れたからだと私はみている。菅政権になっても大きな変化はないだろう。

この章は、そうした「原発ゼロ」を追い求める人々を追った二〇一八年七～八月の夕刊連載「原発ゼロをたどって」を再構成したものだ。厳しい状況のもとで、どんな気持ちで「原発ゼロ」への取り組みを続けてきたのか。丹念に取材して描いた（掲載日は末尾に記した。肩書や年齢は掲載時のもの。敬称略）。

この夕刊連載を始めた日の朝刊には、小泉元首相へのインタビュー記事を載せた。それも、この章の最後に収めた。小泉元首相の熱い思いが伝わってくる。

1 「終わりじゃない、これからだ」

聴衆の傘に雪が積もっていた。元首相の小泉純一郎（七六歳）はその光景を忘れない。

二〇一四年二月八日夜。元首相・細川護熙《もりひろ》（八〇歳）と挑んだ都知事選の選挙戦最終日は記録的な大雪だった。JR新宿駅前で選挙カーの上に立つと、聴衆の傘が雪でみな真っ白だった。

待ってくれていたんだ――。

翌九日の投開票で、細川の得票は、当選した舛添要一の約二一一万票に遠く及ばず、次点の宇都宮健児の約九八万票をも下回る約九六万票だった。

同日夜の会見で、細川は小泉から寄せられたファクスを読み上げた。

「細川さんの奮闘に敬意を表します。これからも『原発ゼロ』の国造り目指して微力ですが努力を続けてまいります……」

東京都知事選に向けての会談を終え、記者の質問に答える細川護熙元首相（左）と小泉純一郎元首相（2014年1月14日）

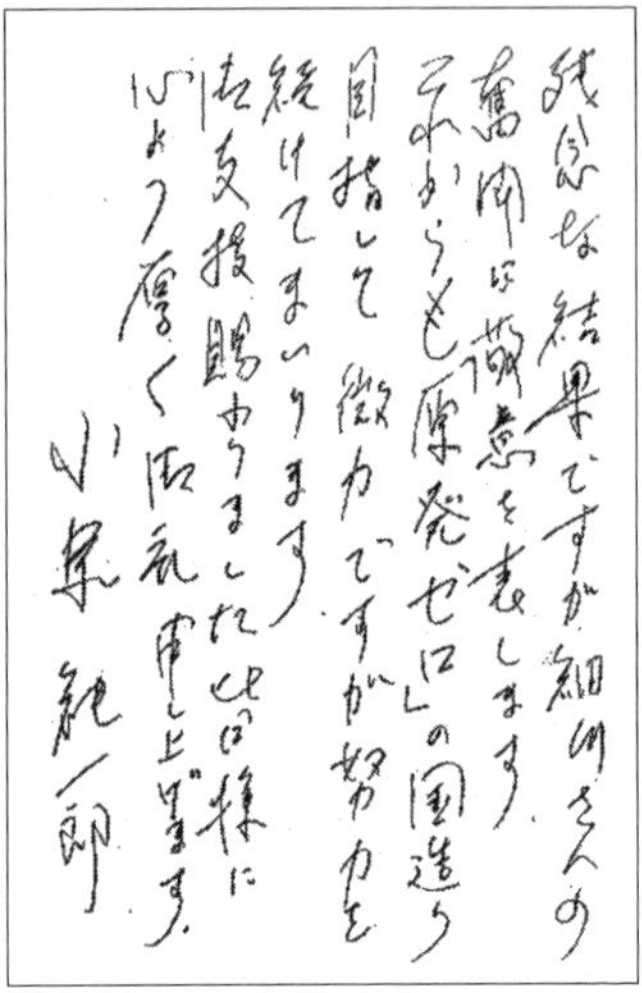

2014年2月9日の東京都知事選の開票日に小泉純一郎元首相が細川護熙元首相に送った手書きのメモ

小泉は今回、朝日新聞のインタビューに、その時の気持ちをこう語った[*1]。

「そら、みろと。原発なんか争点にならなかった、これで小泉・細川も『原発ゼロ』運動をやめるだろう、という声が入ってきた。それへの反発の気持ちもあった。終わったんじゃない、これから始まるという意欲を示したいとファクスを送ったんだよ」

やめるつもりはさらさらなかった。

そんな小泉に熱い思いを抱いたのが、全国の原発差し止め訴訟にかかわる弁護士の河合弘之（七四歳）だ。今までの反原発運動は主に左翼が担っていたが、この運動には保守層も引っ張り込まないと実らない。だからこそ、小泉と組まねば。河合はそう思い定めた。

もっとも、小泉に近づくツテがない。あの手この手、なんでも探った。

すがりついたのは、小泉と河合という二人の「闘士」をそれぞれ本に描いた作家・大下英治（七四歳）だった。大下が間に立って二〇一五年六月、ようやく杯を交わすことができた。

「胸襟をひらいて話し合って、すぐに肝胆相照らした」と河合。

＊1　この小泉純一郎元首相へのインタビュー記事はこの章の最後に収録した。

河合は懇意になった小泉に相談を持ちかけた。原発を進める大手電力は電気事業連合会（電事連）という組織のもとに団結している。なのに、脱原発や再生可能エネルギーの組織は全国でばらばら。「こっちも団結しないといけないのでは？」。河合がそう問いかけると、小泉は「いいね、やろうよ」。そうして二〇一七年四月の「原発ゼロ・自然エネルギー推進連盟」の結成にいたる。

その準備段階。組織名を決めるにあたって、ちょっとしたエピソードがある。

河合は小泉に尋ねた。「名称は『脱原発・自然エネルギー推進連盟』でいいですかね」

これに小泉は「いや。『原発ゼロ』を言ったらいいんだよ」

河合は思った。「『脱原発』だと略称は『脱自連』になって、どうもゴロが悪い。『原発ゼロ』なら、略称は『原自連』。こりゃ、おもしろい」

出来すぎの話に聞こえるが、こうして河合が講演するとき、笑いを取る決めぜりふができた。「電事連対原自連。原発を推進しているのは電事連。僕らは原自連です」

それにしても、小泉はなぜ「原発ゼロ」という言葉にこだわるのか。

（二〇一八年七月二四日）

2 「電力業界にメスを」 遺志継ぐ

大手電力の「電気事業連合会（電事連）」に対峙《たいじ》する気構えでつくった「原発ゼロ・自然エネルギ

ー推進連盟（原自連）」。実は顔役の元首相・小泉純一郎（七六歳）の役職は顧問だ。実際のトップ、会長は大手信金・城南信金元理事長の吉原毅《よしわらつよし》（六三歳）である。

およそ一回りも年の離れたこの二人をある経済学者がつないだ。

二〇一三年一月に亡くなった元慶大教授の加藤寛《ひろし》（享年八六歳）だ。

ともに慶大出身の二人にとって加藤は恩師だった。加藤は国鉄民営化や消費税導入にかかわり、「小泉構造改革」もそのブレーンとして支えた。その加藤は吉原に請われて二〇一一年一一月、城南信金のシンクタンク城南総合研究所の初代名誉所長に就いた。所長が吉原だった。

加藤の遺作となった本のタイトルは、その名もずばり『日本再生最終勧告　原発即時ゼロで未来を拓《ひら》く』（ビジネス社）だ。加藤はその巻頭に城南総研のリポートへの寄稿文を再掲している。

原発への激烈な批判の言葉が並ぶ。

政府税制調査会長時代の加藤寛さん

加藤寛さんの『日本再生最終勧告　原発即時ゼロで未来を拓く』（ビジネス社）

「原発はあまりに危険であり、コストが高い。ただちにゼロにすべきです……（大手電力は）原子力ムラという巨大な利権団体をつくって……国家をあやつるなど、独占の弊害が明らか」

小泉はこの加藤の依頼を受けて、原発事故から間もない二〇一一年五月、「小泉構造改革」の旗振り役だった慶大教授（当時）の竹中平蔵（六七歳）と鼎談《ていだん》している。このとき、小泉は「今後は原発への依存度を下げるべきだ」と語り、加藤は「わが意を得」たと、この本に書き残している。

講演する「原発ゼロ・自然エネルギー推進連盟」会長の吉原毅さん（2018年6月16日、横浜市）

加藤逝去後の二〇一三年八月、小泉はフィンランドの高レベル放射性廃棄物の最終処分場オンカロを視察、「原発ゼロ」に踏み込む。同年一一月の記者会見で、それまでの原子力政策を舌鋒《ぜっぽう》鋭く批判した。

「最終処分場のメドをつけられると思う方が楽観的で無責任すぎる」

吉原といえば二〇一〇年一一月、城南信金の元会長の相談役による「組織の私物化」があるとして、理事の多数の理解を得て相談役らを解任、自ら理事長になった経歴をもつ。

そして経営改革の取り組みが軌道に乗ったと思った矢先の二〇一一年三月、東日本大震災と東京電力の原発事故が起きた。

城南信金は同年四月、「原子力エネルギーは一歩間違えば取り返しのつかない危険性を持っている」と、吉原の思いが詰まった脱原発宣言をホームページに載せた。その延長線に加藤を名誉所長に招いた城南総研設立があった。

吉原は加藤についてこう話した。「経済学に『レントシーキング・ソサエティー（たかり社会）』という言葉がある。加藤先生は、その最大の電力業界にメスを入れるべきだと考えていた。俺の代わりにやってくれ、と言われている気がするんです」

加藤の後の二代目名誉所長には二〇一四年、吉原の要請を受けて小泉が就いた。小泉は今回、取材にこう語った。

「加藤寛先生がね、私と吉原さんとの仲、そして『原発ゼロ』運動を結びつけてくれたと思うんだ」

（二〇一八年七月二五日）

3　全国行脚　炎は絶やさない

「原発ゼロ・自然エネルギー推進連盟」（略称・原自連）顧問の小泉純一郎（七六歳）は、「原発ゼロ」を説く講演で全国各地を飛び回る。その語り口は、首相時代と変わらず聴衆を魅了する。

例えば二〇一八年六月五日にあった静岡県浜松市での講演会。メインホールはほぼ満席、別室も含め約二七〇〇人が聴き入った。せき払いもはばかられるような緊張感が漂う。小泉は一時間半立ちっぱなしで、ボルテージが上がる。

「原発は安全、コストが安い、クリーンなエネルギー。経済産業省が言う三大大義名分は全部ウソだった。これは黙って寝てはいられないな、と」。行動の原点には、原子力政策で官僚らにだまされていたとの強い憤りがある。

経産省の原発推進理由を「全部ウソ」と批判する小泉純一郎元首相（2018年6月5日、静岡県浜松市）

小泉のそんな熱い思いにひきつけられ、多くの「同志」が原自連に集う。顔ぶれは多彩だ。浜松での講演でも主要メンバーが客席の片隅に座っていた。こんな人がいた。

科学技術庁長官や自民党幹事長を務めた小泉側近の中川秀直《ひでなお》（七四歳）。原自連の二〇一七年四月の発足会見で中川はこう語っている。「自然エネルギーでやっていける時代が来た。その最先端の日本でありたい。（原子力開発を担って）一番反省しなければならない科学技術庁長官だった私が、心からそう思う」

前静岡県湖西市長の三上元《はじめ》（七三歳）は福島の事故後、元経営コンサルタントの経験から、いち早く「原発は高い」と唱えた。軽妙なフットワークで二〇一二年四月には、東海第二原発（茨城県）の廃炉を訴えた東海村長（当時）の村上達也（七五歳）らと「脱原発をめざす首長会議」を設立している。こうして、人が、運動がつながっていく。

小泉純一郎元首相の講演などを原自連会長の吉原毅さんがまとめた『黙って寝てはいられない』（扶桑社）

原自連事務局次長の木村結《ゆい》（六六歳）はチェルノブイリ原発事故後に脱原発運動に飛び込んだ「筋金入り」だ。いま、東京・四谷にある原自連事務所を守る。小泉や原自連幹事長の河合弘之に臆せずモノを言うので、「猛獣使い」と称される。

事故で会社に損害を与えたとして、東京電力の旧経営陣に約二二兆円を会社に払えと求める東電株主代表訴訟の原告団事務局長でもある。「ギネス級」の請求額が話題になるが、それだけ大きな被害・費用を表すもので笑えない。

これらの面々も、請われたらその地に飛んで「原発ゼロ」を訴える。積極的に取り組んでいる各地の団体の表彰も始めた。河合と環境エネルギー政策研究所長の飯田哲也《てつなり》（五九歳）が世界の自然エネルギーの急成長をリポートしたドキュメンタリー映画『日本と再生』の上映会も重ねる。

原自連発足から一年余りで、登録する団体数は三〇〇に達した。小泉は今回、私たちの取材にこう説明した。

「原自連は、『原発ゼロ』にしようという『炎』をね、絶やさないようにする。その拠点として各地域で地道にやっていく。そういう国民運動としてやっている」

活動には新たな取り組みが加わっている。国として原発廃止の方針を打ち立てる「原発ゼロ基本法」をつくろうというものだ。

（二〇一八年七月二六日）

4 「原発ゼロ基本法」を作りたい

原自連の「原発ゼロ基本法案」発表会見。右から顧問の小泉純一郎元首相、幹事長の河合弘之弁護士、会長の吉原毅さん、顧問の細川護熙元首相（2018年1月10日）

元首相・小泉純一郎（七六歳）が顧問の「原発ゼロ・自然エネルギー推進連盟（原自連）」がいま熱心に取り組むのが、原発を廃止する「原発ゼロ基本法」制定の運動だ。

きっかけは二〇一七年一〇月の第四八回衆院選の投票日翌日（二三日）、立憲民主党代表・枝野幸男《ゆきお》（五四歳）の発言だった。

夜の報道番組でコメンテーターが枝野に問うた。

「公約で原発ゼロ基本法制定をうたわれています。工程表は？」

枝野は答えた。「民進党時代に仲間たちで、ある程度まで、つくってきたものがあります。それを再チェックして、リアリティーがあるものとしてお示ししたい」

これを見た原自連事務局次長の木村結（六六歳）が

木村結さん

近江屋信広さん

動いた。二五日夕、会長・吉原毅《よしわらつよし》（六三歳）や幹事長・河合弘之（七四歳）ら原自連の主要メンバーに立憲民主党との合同勉強会開催を訴えるメールを送った。

こう書き添えた。「当連盟にとって願ってもない機会です……国民を巻き込んだ『原発ゼロ法案』運動を起こしていける契機になるのではないかと思います」

実は、河合や木村は原発事故の後、国会議員に「脱原発法」制定を呼びかけて一度は法案提出まで至ったものの、共感は広がらず廃案になっていた。野党再編を経た今、再挑戦しようと考えたのだ。

小泉も含めた幹部会議に諮ると、原自連としての考えをまとめた法案の骨子をつくってみよう、となった。

「私が」と一人の男が手を挙げた。自民党の総裁幹事長室事務部長などを務めた近江屋信広（六八歳）。自民党の「奥の院」にあって歴代幹事長らを支えてきた。二〇〇五年の郵政解散で出馬、衆院議員を一期務めた。東北出身で事故後は原発をなくすべきだとの思いを強め、自然と原自連を手伝うようになっていた。

勘所は分かっている。国会図書館で資料を集め、衆議院法制局の意見も聞いて、二〇一七年末までに法案の骨子をまとめあげた。

最も重要なのは、基本理念に「原子力発電は即時廃止する」と明記したことだった。小泉の「原発ゼロ」の思いを反映させた。

二〇一八年一月一〇日午後一時、衆議院第一議員会館。原自連がその骨子を発表する記者会見を開いた。「かなりハードルが高いが」との記者の質問に小泉がすぐさま言い返した。

「高くないですよ。あの事故以来、七年間、日本は原発ほとんどゼロ。二〇一三年九月から一五年九月まで二年間、原発ゼロ。原発ゼロでやっていけることを証明してしまった」

同日午後三時三〇分からは同じ会場で、立憲民主党エネルギー調査会との対話集会があった。枝野発言を受けて同党も法案作成を本格化させていた。同党が配った主要論点にあった「原発ゼロの一日も早い実現」との記述に原自連幹事長の河合がかみついた。

「今日の会見で、小泉さん、原発事故の後を考えてみろと。完全に（稼働）ゼロの時もあるし、ゼロでいいんだと。『即時ゼロ』が私どもの基本法案の肝です」

小泉ら原自連の主張が同党の議論に影響を与えていった。

（二〇一八年七月二七日）

集会で話す山崎誠議員（2018 年 6 月 1 日、大阪市中央区）

5　新しい社会への「鍵」になる

立憲民主党で「原発ゼロ基本法案」づくりを中心になって担ったのは、党エネルギー調査会事務局長の山崎誠（五五歳）だ。実は、今では「幻」となった民進党の原発ゼロ法案にもかかわっていた。

山崎は二〇〇九年八月の衆院選で初当選するが、二〇一二年暮れに落選し、二〇一七年一〇月、比例区で当選した。浪人中、自然エネルギーの普及を図る団体で働きつつ、原発をなくしていくための民進党の政策集「原発ゼロ社会変革プログラム」の下書きをしていた。

山崎に声をかけた立憲民主党（当時民進党）の衆院議員・高井《たかい》崇志《たかし》（四八歳）のウェブサイトにそれは残っていた。A４判一三ページ。日付は二〇一七年六月九日。末尾に高井ら六人の議員有志の名がある。

当時の民進党代表・蓮舫の意向を受けたものだったが、野党再編で結局、成案にならなかった。立憲民主党を立ち上げた枝野幸男が一七年一〇月の衆院選直後の報道番組で語った「民進党時代に仲間たちでつくってきたもの」とはコレのことだと関係者はみる。

中身はといえば、基本方針として「省エネ・再エネシフトを進め二〇三〇年代に原発ゼロを完成させる」とし、末尾に原発ゼロ法案の「骨格」も付けていた。

そこには「緊急事態発生時のみ限定的に再稼働をみとめる」との例外規定があった。支援を受ける電力関連労組への遠慮が出たとみられる。

立憲民主党の原発ゼロ基本法案の当初案にも似た記述が残った。それが、同党が各地で開いたタウンミーティングで問題になった。

市民団体「首都圏反原発連合」主催の国会前集会に置かれた七夕飾りには、「原発ゼロ」の法案成立を求める短冊もあった（2018年7月7日）

例えば二〇一八年二月一一日。福島県郡山市の集会では環境NGO「FoEジャパン」理事の満田《みつた》夏花《かんな》がクギを刺した。「緊急時の運転の必要性は疑問。原発の稼働状況を踏まえれば、即時ゼロを前面に押し出すべきです」

原発ゼロ・自然エネルギー推進連盟事務局次長の木村結（六六歳）も「できるだけシンプルに」と求めた。

立憲民主党内の議論でも、元首相の菅直人（七一歳）が「もっとゼロを強く」などと主張。山崎は調査会長の逢坂《おおさか》誠二（五九歳）らと協議して、例外規定をなくし、前文でもきっぱりと「（全原発を）速やかに停止し、計画的かつ効率的に廃止する」とうたった。

この前文には、山崎のお気に入りの一文が作成過程で入った。議員立法を助ける衆議院法制局から様々なアドバイスを受けるのだが、山崎の案になかった、こんな一文が挿入されたのだ。「原発廃止・エネルギー転換の実現は、未来への希望である」――。

山崎は言う。「『原発ゼロ』には、電気が足りなくなるといった否定的な見方が世の中にはある。そうじゃない、新しい社会に変わる『鍵』だと訴えたのを、法制局がうまい言葉にしてくれた」

全国二〇カ所あまり、約二〇〇〇人が参加したタウンミーティングや衆院法制局とのやりとりを経てできた法案は、共産党、自由党、社会民主党と共同で同年三月九日、衆院に提出された。ようやく「原発ゼロ」への旗印が立った。しかし、容易に審議入りとはならなかった。（二〇一八年七月三〇日）

6　仲間はもう増えないのか

「つるし」。法案が審議に入れないことを示す国会の業界用語だ。立憲民主党など野党四党が二〇一八年三月に共同で衆院に提出した「原発ゼロ基本法案」は長らく「つるし」の状況が続き、あげく継続審議の扱いになった。
なぜか。法案提出から約三カ月が経った六月八日。法案審議を求める緊急集会が国会内であった。法案作成を担った立憲民主党の山崎誠（五五歳）は、一部野党の賛成がなかなか得られなかったと説明した。さらに、原発推進派が多数を占める自民党の理解も審議入りには必要だった。

集会は元首相・小泉純一郎が顧問の「原発ゼロ・自然エネルギー推進連盟」も協力。小泉と対立した共産党の笠井亮《かさいあきら》（六五歳）は「元首相が『国民運動を展開する』と言われたのを力強く思う」などと歓迎した。が、道のりが険しいのは明らかで、山崎も「徹底的に審議を要求していく」とはするものの、成立の見通しは立っていない。

「仲間」は増えないのか。集会には法案に直接の関係がない無所属の田嶋要《たじまかなめ》（五六歳）の姿があった。元は民進党だが二〇一七年来の野党再編を経て無所属に。司会役の山崎は集会終盤でこの田嶋に発言を促した。実は民進党時代、あの「幻」の原発ゼロ法案を成案にと努めたのが田嶋だった。驚きつつマイクを握った。

「エネルギーの問題は天動説の世界で地動説を唱えるような話です。しかし、関係者に働きかけ最後は地動説にしたい」。取材に田嶋は「山崎議員らと思いは同じです」と言った。

「原発ゼロ基本法案」の国会審議を求める議員らの緊急集会（2018年6月、東京・永田町）

自然エネルギー財団の大林ミカさん

その田嶋は二〇一八年五月、「自然エネルギー社会実現議員連盟」なる超党派議連を立ち上げた。原発と裏腹の関係にある自然エネルギーの拡大に尽くすのが狙いだ。約四〇人の議員を集めたところだ。

議連二回目の六月一九日の会合では、あの孫正義が二〇一一年に創設したシンクタンク「自然エネルギー財団」事業局長の大林ミカがプレゼンし、世界の原子力と自然エネルギーの導入推移を示した。

「風力は二〇一五年に原子力容量を追い越し、太陽光は二〇一七年にほぼ同量に」――そんな実態を政党の別なく伝える姿は「自然エネルギーのジャンヌ・ダルク」とも呼ばれる。

長年、超党派で活動を続ける「原発ゼロの会」の存在も政界では大きい。事故後の二〇一二年三月、原発ゼロへの国民の思いの受け皿に、と結成された。創設メンバーには自民党で現外相の河野太郎（五五歳）もいる（現在休会中）。現会員数は一〇〇人弱。全国会議員七〇〇人余の約七分の一だ。事務局長の立憲民主党の阿部知子（七〇歳）は「名前を出すと差し障りのある議員がまだ多い」と嘆息する。反面、「勝った勝ったと言いながら負け続けた太平洋戦争と一緒。原発をずるずるとやっているが勝負は付いていない」と「原発ゼロ」を確信する。

会の名は報道番組「ＮＥＷＳ　ＺＥＲＯ」から思いついた。「ゼロ―って、『打ち出し方』がいいな」と阿部。

幅広く。粘り強く。軽やかに。「原発ゼロ」が政治的に盛り上がる時は遠くないかもしれない。

（二〇一八年七月三一日）

7 「方向転換に五年もいらない」

今の自民党政権は、政府策定の「エネルギー基本計画」をもとに原発政策を進めている。はたして、それは合理的なものなのか。

事故後、脱原発社会に向けた政策提案を続ける随一のシンクタンク「原子力市民委員会」。その座長の九州大教授・吉岡斉《ひとし》が二〇一八年一月一四日、肝神経内分泌腫瘍《しゅよう》で死去した。六四歳だった。

吉岡が心血を注いだ、脱原発実現のための報告書「原発ゼロ社会への道２０１７」は二〇一七年一二月に発表された。自ら執筆した最終章で、吉岡は二〇一四年四月に閣議決定された第四次の基本計画を冷笑した。

「このような貧しい記述は、原発推進の根拠を示す議論として何の説得力もない」

とくに厳しい目を向けたのが、基本計画が原発を「３Ｅ（安定供給、環境適合、経済効率）＋Ｓ（安全性）」の観点から推進すべきだ、としたところだ。吉岡は「Ｓ」を最高基準にすべきであるとして、

原子力市民委員会の座長を務めた
吉岡斉・九州大学教授（同会提供）

「原発ゼロ社会への道 2017」

こうつなげた。

「もし『S』において社会が受け入れ可能な水準を原発がクリアしなければ、仮に『3E』において特別に優れていた場合でも、発電手段として放棄すべきだ……なぜなら原発事故の損害規模は、他の発電手段のそれと比べて際立って大きい……戦争にも匹敵する被害である」

原子力市民委員会は、NPO法人「高木仁三郎市民科学基金」の助成を受けて二〇一三年に発足。破《は》綻《たん》した原発政策を政府が進めるなら、市民は市民の手で多数の民意に立脚した脱原子力政策をつくり、実現していかねば、という趣旨だった。

基金事務局長の菅波完《すげなみたもつ》（五二歳）によると「その枠組みは吉岡先生の筋書きがベース」だった。

適宜出された声明などの多くも、吉岡の素案に他委員の意見を反映する形でつくられた。市民との意見交換会も各地で頻繁に開いた。

事務局スタッフで吉岡を助けた水藤周三《すいとうしゅうぞう》（三四歳）は振り返る。「吉岡先生は議論が楽しいようで、ニコニコして答えていた」

だが、安倍政権は、吉岡らの市民委員会の指摘を真摯《しんし》に聞くこともなく、二〇一八年七月三日、第五次計画を閣議決定した。吉岡が第四次計画で批判した「3E＋S」の部分は、そのまま踏襲していた。

『原発のコスト』（岩波新書）などの著作で知られ、座長代理だった龍谷大教授・大島堅一（五一歳）は二〇一七年一二月、吉岡の九州の入院先を見舞っている。

学究肌の吉岡らしく患った病を大島に詳しく説明した。

そして小さな声で頼んだ。「座長をお願いします」

二〇一八年二月、亡くなった吉岡の後任座長に大島が就いた。

直後の合宿で大島は言った。

「『原発ゼロ』については、あと五年でカタを付けたい」。

発足から一〇年の区切りを念頭に残りの五年で科学的な知見から、その方向性を示すという覚悟を示した。

大島は取材に語った。

「吉岡先生の著作を改めて読み、日本の原発をめぐる状況は悪くなる一方だと感じた。もはや『原発ゼロ』への方向転換に五年もかからないのでは。推進勢力を追い込んでいきたい」

（二〇一八年八月一日）

8 「国民的議論」をもう一度

従来の原発・エネルギー政策は事実上、経済産業省の手の内で決まっていた。が、原発事故を受けて当時の民主党政権は、広く民意を聞いた。それが二〇一二年夏の「国民的議論」だ。

まず、政策の見直しのために国家戦略相を議長とする省庁横断の「エネルギー・環境会議」を立ち上げ、その事務を国家戦略室に担わせた。

そうして二〇一二年六月、二〇三〇年の原発比率として「〇％」「一五％」「二〇〜二五％」の選択肢を提示、それを「国民的議論」にかけたのだった。

具体的には、全国一一カ所で意見聴取会を開催。討論を通じて意見がどう変わったかを見る「討論型世論調査」も導入。広く意見を求める「パブリックコメント」では、集まった約八万九〇〇〇件の中身を丁寧に分析した。報道機関の世論調査なども把握した。

二〇一八年四月、市民団体「脱原発・新しいエネルギー政策を実現する会（eシフト）」などが開いた集会。六年前、国家戦略室の担当者として携わった伊原智人《ともひと》（五〇歳）が、「国民的議論」の結果をこう表現した。

「少なくとも過半の国民は、原発に依存しない社会を望んでいる」――

伊原は事故の時は民間企業にいたが、元は経産官僚で電力に詳しく、民主党政権幹部の誘いに応じて霞が関に戻った。伊原によれば、「国民的議論」は「できる限りやる」との姿勢で臨んだ、という。

これを受け、当時の国家戦略相・古川元久《もとひさ》（五二歳）は二〇一二年八月二二日、伊原らスタッフ数人に具体的な戦略を書くように求めた。示したＡ４の紙には「四十年廃炉の徹底」「新増設しない」など「原発ゼロ」への大方針が並んでいた。

古川元久・元国家戦略相

現在、国民民主党幹事長の古川は振り返る。「オープンな『国民的議論』で、過半の人が『ゼロ』にしたいとの思いが示された。だから、政治の意思で大枠をしっかり示さないといけないと考えた」

伊原智人氏

指示を受けた伊原らは急ピッチで作業を進め、「二〇三〇年代原発ゼロ」を明記した「革新的エネルギー・環境戦略」の案をとりまとめる。「戦略の『ゼロ』は、

関西電力大飯原発の再稼働に反対する人々が首相官邸前の道路を埋めた（2012年6月29日）

『国民的議論』がベースで整合性がとれていました」と伊原。

だが、二〇一二年暮れの総選挙で自民党が圧勝、安倍政権が誕生すると国家戦略室は廃止され、伊原は退官。「二〇三〇年代原発ゼロ」も白紙にされた。

二〇一八年四月のeシフトなどの集会。司会役の環境NGO「FoEジャパン」の吉田明子（三七歳）が「当時はいろいろあった」と言うと、伊原は苦笑いしつつ、「だいぶ、いじめられました」。二〇一二年当時、民意を聞く努力が、なお足りないと批判されたからだ。

吉田は返した。「誠意をもって社会的合意を探る取り組みは、いま改めて評価できるかと思います」

時を経て民意は変わっただろうか。伊原は言う。

「また同じような『国民的議論』をしていいかもしれません。国民の意向を踏まえてエネルギー政策を決めると言うなら、その意向は正しく把握するべきです」
で、安倍政権はどうか。次の最終回で考える。
（二〇一八年八月二日）

9 民意、推進側を悩ます

原発・エネルギー政策の議論から逃げようとしたのが安倍政権の特徴でなかっただろうか。端的なのは有識者会議の構成だ。

政権を奪還した二〇一二年暮れの衆院選から約二カ月後の二〇一三年三月一日。当時の経済産業相・茂木敏充《もてぎとしみつ》（六二歳）は第四次エネルギー基本計画をまとめる有識者会議の委員を発表した。それは民主党政権時代の二五人を一五人に縮小、「脱原発派」とみられた委員を八人から二人に減らすものだった。

会見でこの点を聞かれた茂木は「専門性を中心にして議論をしていただく」などとかわしたが、原発の是非の論議を封じ込めようとしたのは明白だった。こうしてつくられた二〇一四年の第四次計画で、原発は「重要なベースロード電源」という位置づけを獲得した。

さらに二〇一七年八月、第五次計画の議論を始めた有識者会議では、「脱原発派」委員は一人に。その「一人」が日本消費生活アドバイザー・コンサルタント・相談員協会常任顧問の辰巳菊子《たつみきくこ》（七〇

原発ゼロ・自然エネルギー社会を求める署名を合同提出したときの集会（2018年5月23日、東京・永田町）

歳）だった。

「あのメンバーで結果が見えていると思いました……私は国民の代表との立場で参加しましたが、マイナーというか、独りぼっちでした」

二〇一八年五月、「脱原発・新しいエネルギー政策を実現する会（eシフト）」などが開いた集会で辰巳はそう語った。事実、七月に閣議決定された第五次計画は第四次に続き原発を維持するものになった。

が、それは民意の裏打ちを欠いていた。朝日新聞の二〇一八年二月の世論調査では、停止中の原発の運転再開について反対が六一%、賛成が二七%。「反対」が「賛成」のほぼ倍というのは、ほかの報道機関の調査でも大差ない。

eシフト運営幹事の桃井貴子はこう見る。「民意を聞けば、『原発ゼロ』になる。だから原発維持で行くには民意無視を決め込むしかない」

先の国会で「原発ゼロ基本法」を審議しなかったのも、原発をめぐる議論の拡大を恐れたからではなかったか。実は推進側は「原発ゼロ」の声が怖くてならない。

二〇一八年六月一〇日投開票の新潟県知事選。原発維持路線を取る政権与党の自民、公明が支持する陣営が開票日前日九日、地元紙に出した一ページの広告が話題になった。

「脱原発の社会をめざします。……再稼働の是非は、県民に信を問います！」――焦点の東京電力柏崎刈羽原発の再稼働について慎重姿勢をそうアピールした。

新潟県では前回二〇一六年一〇月の知事選で再稼働に慎重な野党系候補者が当選。そこで今回、与党系は再稼働の争点化回避に動いたと報じられた。

野党系の選対幹部の新潟国際情報大教授・佐々木寛（五二歳）は話す。

「新潟では『脱原発』の姿勢でないと勝ち目がない。だから向こうはそんな戦術を取るしかなかった」

重い原発のリアル（現実）。もはや七年前の事故をなかったことにできない。いまも使用済み燃料問題ひとつ解決できない。そして「原発ゼロを」という多くの人の思いが推進側を苦悩させる。

（二〇一八年八月三日＝連載収録はここまで）

10　小泉純一郎元首相は何を語ったか

この夕刊連載「原発ゼロをたどって」を始めるにあたり、同僚の関根慎一記者とともに小泉純一郎元首相にインタビューし、朝刊記事（二〇一八年七月二四日）にした。その記事と朝日新聞デジタルに載せた「主なやりとり」をここに収録する。

インタビューに答える小泉純一郎元首相

▼「安倍首相で原発ゼロ　もう無理だ」

小泉純一郎元首相（七六歳）がこのほど朝日新聞のインタビューに応じ、安倍政権のエネルギー政策について、「安倍（晋三）首相では『原発ゼロ』はもう無理だ。やればできるのに見過ごした」と批判した。さらに来年（二〇一九年）夏の参院選では「原発ゼロ」が争点になるよう、野党共闘への期待感を表明した。自民党の首相経験者としては異例の主張だ。

小泉氏は自らの立場を明らかにした二〇一三年の記者会見以降、安倍政権に対して「原発ゼロ」への政策転換を繰り返し求めてきた。このことについてインタビューでは「安倍首相に会ったときに『経産省にだまされるなよ』と何回も言ったが、苦笑するだけだった。五年経っても気付かない。もったいない」などと、安倍氏への失望感を口にした。

小泉氏自身は二〇一七年四月、原発ゼロをめざして創設された全国連合組織「原発ゼロ・自然エネルギー推進連盟」（略称・原自連）の顧問に就き、各地の講演で「原発ゼロは可能だ」などと訴えている。二〇一八年七月には長年にわたって政敵関係にあった自由党の小沢一郎代表が主催する政治塾で講演するなど、野党側への働きかけも強めている。

原自連の動きに呼応し、立憲民主党、自由党など野党四党は二〇一八年三月、「原発ゼロ基本法案」を国会に提出したものの、自民党などの反対で審議されなかった。この点に絡み、小泉氏は来夏の参院選で「野党は一人区には協力して統一候補を出す。そして『原発ゼロ』を争点にすると勝つ可能性がある」と期待を寄せた。

そのうえで、小泉氏は「自民党が政権を担当してきたのは、多数意見を尊重してきたから」だとして、自民党の「原発ゼロ」への方針転換にも引き続き期待する姿勢を示した。

安倍政権が七月上旬に閣議決定した第五次エネルギー基本計画で、二〇三〇年度の電源構成に占める原発の比率を「二〇〜二二%」としたことについて、小泉氏は「そのためには原発を三〇基ほど動かさないといけない。できもしない。処分場も見つかっていないのに再稼働すれば核のごみがまた増える。憤慨している」と厳しく批判した。

一方で小泉氏は「原発ゼロ」の実現可能性について「私が『ゼロ』と言ったとき、ただちにゼロなんて無理だと言われたが、日本は二〇一三年九月から二〇一五年九月の二年間は、まったくゼロだった」と指摘。太陽光発電や風力発電などの自然エネルギーはドイツやスペインが三〇%を超えるとして、「そうした現実を直視しないといけない」と述べた。

＊

インタビューの主なやりとりは次の通り。（朝日新聞デジタルから）

▼「経産省にだまされるな、言ったのに」

――二〇一三年一一月の記者会見では、首相の決断で「原発ゼロ」はできると力説しました。

「安倍首相が決断すれば、国民の多数は支持する、という意味で言ったんだよ。あの後、安倍首相に会ったときに『経産省にだまされるなよ』と何回も言ったが、苦笑するだけだった。もう無理だね。五年経っても気付かない。もったいない、やればできる大事業なのに見過ごした」

――安倍政権は原発政策を推し進めています。

「（原発推進の勢力が）強いんだな。原子力産業の事業の裾野は広い。原発一基つくるだけで今、一兆円かかる。それにつながる企業がたくさんある。従業員の労組もおさえているから、（支援を受ける）野党もはっきり言えない」

「しかし、日本はいずれ、『原発ゼロ』をやらざるをえない。太陽光発電も風力発電もどんどん値段が安くなる。原発は安全対策などでますます高くつく。政府支援がないとやっていけないのが原発だ」

▼核のごみ　見つからない保管場所

――五年前の会見で、高レベル放射性廃棄物（核のごみ）の処分場について「メドをつけられると思う方が楽観的で無責任」と。その後も大きな進展はありません。

「ない。福島の事故前から、原発は『トイレなきマンション』と言われた。私は二〇一三年八月、フィンランドの最終処分施設『オンカロ』を見て、『原発ゼロ』への確信を強めた。地下約四〇〇メートルで一〇万年、放射能が漏れないように保管する。ははは、いま、西暦二千……。それほど危険性が強い。日本は掘ると水どころか温泉が出る。そんな国で一〇万年保管できる場所は見つからないだろう」

――脱原発で手を組んで細川護煕元首相が出馬した二〇一四年二月の都知事選ですが、敗れた細川元首相に「『原発ゼロ』の国造り目指して努力を続けます」とファクスを送りましたね。

「選挙戦最終日（二月八日）の街頭演説、新宿でね、雪が降るなかで午後八時前だな、聴衆の傘にね、雪が積もっているんだ。（私たちを）待っていたんだよね。熱心だな、と思った。この盛り上がりをみて、いずれ、（もっと多くの人に）分かってもらえると思った」

「（細川氏の落選後）そら、みろと。原発なんか争点にならなかった、これで小泉・細川も『原発ゼロ』運動をやめるだろう、という声が入ってきた。それへの反発の気持ちもあった。終わったんじゃない、これから始まるという意欲を示したいとファクスを送ったんだよ」

▼はっきりと「原発ゼロ」を方針に

――その後、全国の原発差し止め訴訟にかかわる河合弘之弁護士からラブコールを送られました。作家の大下英治さんの仲介で会ったと聞きました。

「うん。いつの間にか親しくなったんだ。河合さんが言うには、この運動は『左翼』系がやっているが、『保守』が加わらないとダメだと。で、私や細川さんと一緒にやらんといかんな、ということだった」

――それで全国の運動団体などを束ねる「原発ゼロ・自然エネルギー推進連盟」（略称・原自連）の二〇一七年四月の結成に至りました。その組織名に「脱原発」を付ける案があったのに、小泉さんが異論を唱えたそうですね。

「そう。『脱』より『ゼロ』のほうがいいと。はっきり、(原発を)なくすということだ」

――原自連は二〇一八年一月、原発廃止を定める原発ゼロ基本法案を発表しました。

「即時ゼロにできるんだから、はっきりとゼロを方針にしたほうがいい。そもそも福島の事故のあと、日本は原発をほとんど動かしていない。私が(二〇一三年に)『原発ゼロ』と言ったとき、ただちにゼロなんて無理だと言われたが、二〇一三年九月から二〇一五年九月の二年間は、まったくゼロだった。やればできるんだよ」

「事故前、太陽光発電は日が陰ればダメ、風力発電も風がやめばダメと言われた。だが、そうした自然エネルギーはいま日本で一五%を、ドイツやスペインは三〇%を超える。そうした現実を直視しないといけない」

▼「野党は争点化すれば勝つ可能性」

――立憲民主党など野党四党も原発ゼロ基本法案を国会に提出しましたが、審議されませんでした。来夏の参院選で「原発ゼロ」は争点になりますか?

「争点化に野党は全力をあげればいいんだよ。一緒になるのは難しいだろうけれど、一人区には協力して統一候補を出す。そして『原発ゼロ』を争点にすると勝つ可能性があるよ。いずれ分かるよ」

――そうした状況を考えると自民党の姿勢は。

「変わるんだよ。自民党がなぜ長年、政権を担当したか。国民の多数意見を尊重してきたから。原発だってそうですよ。国民の多数は『原発ゼロ』に賛成なんだ」

――経産省は第五次エネルギー基本計画で二〇三〇年度の電源構成の原発比率を「二〇～二二％」としました。

「そのためには原発を三〇基ほど動かさないといけない。できもしない。再稼働すれば核のごみがまた増える。あきれるというか憤慨している」

小泉純一郎元首相

▼「運動の炎　絶やさぬよう地道に」

――「原発ゼロ」運動の今後は?

「原自連は、『原発ゼロ』にしようという『炎』をね、絶やさないようにする。その拠点として各地域で地道にやっていく。そうして将来、必ず多数意見になって政治にとりあげられる。そういう国民運動としてやっている」

――ところで、河野太郎外相も脱原発を唱えていましたが。

「河野さんは先見の明があった。いま（外相となって）ちょっとおとなしくなったけど政治家なんだからそれでいい。時がくれば、信念は『原発ゼロ』だと」

――次男の小泉進次郎議員は、東京電力が六月に福島第二原発の廃炉を表明した際、決断が遅すぎると批判し、さらに原発について「どうやったらなくせるかを考える時代だ」と発言しました。

「まあ、私の本は読んでいるはずだよね。そういう言い方は、私より思慮深いな」

――それにしても小泉元首相は最近の講演でも一時間半、立ちっぱなし。何が突き動かしているのですか。

「原発は絶対安全だ、コストは一番安い、で、クリーンなエネルギーと、信じていた。そんな経産省の言っていることが、福島の事故でうそだとはっきり分かった。過ちを改むるにはばかることなかれ、ですよ」

――もう一度総理にという考えは。

「アイムソーリー（笑）。もう若い人に任せたほうがいいよ」

第4章

開示された資料と残る謎

二〇一一年三月の東京電力福島第一原発事故に関しては、その原因や事故後の政府対応などについて様々な謎、疑問が残る。

なぜ。どうしてなのか。私はこれまで政府に対し、私なりに思いつく関連資料の情報公開請求をしてきた。一〇〇件は超えると思う。

とりわけ、事故の被災者らが起こした集団訴訟を取材したことから、大きな争点となった津波対策に関して、いろいろな角度から情報公開請求をしてきた。

限定的ながらも開示された資料を丁寧に分析していくと、電力業界や国がかなり早い時点で津波の高さについて推計していたことが分かった。事故前の防災当局と電力業界の「なれ合い」とも言える関係を疑わせる資料も出てきた。

被災者を苦しめてきた放射能に関しても、開示された資料からは、政府の除染基準の方針転換に絡み、こんな段取りで進めていたのかと驚くような資料が出てきた。

この章では、以上の点について、朝日新聞の言論サイト「ＷＥＢＲＯＮＺＡ」（現「論座」）に寄せた論考を改めて整理した。必要な修正も加えた。

ちなみに、政府に対する情報公開請求は、「文書不存在」などを理由に不開示とされるケースがほとんどだ。開示にいたっても、肝心なところが黒塗りになるケースが多い。そればかりか、ほぼ全てが黒塗り、いわゆる「のり弁」のような「開示」も少なくない。

それでも、粘り強く続けた情報公開請求で、いくつかの大事な問題提起ができた、と思っている。

1　巨大津波は「想定外」だったのか？　数々の検討文書

「史上まれにみる大きな津波により、電源喪失の状態となったため、冷却機能が失われた」――。

東京電力は二〇一一年の福島第一原発事故の原因に関してそう説明している。

だが、事故の被災者らは、各地で起こした集団訴訟で東電は巨大津波を予見していたし、備えることができたはずと追及している。

私は、これらの訴訟に関連して津波に関する資料を国に情報公開請求してきた。開示された文書からは、原発事故から一〇年以上も前の一九九七年の時点で、東電をはじめとする電力会社が、各原発を襲うかもしれない津波の推計をかなり詳細にしていたことが分かった。

一九九七年は、運輸省や建設省（いずれも当時）など津波防災に関係する関係省庁が、津波防災対策のための「4省庁報告書」（正式名称は「太平洋沿岸部地震津波防災計画手法調査報告書」）をとりまとめようとしていた時だった。

一九九三年の北海道南西沖地震による津波で北海道・奥尻島が大きな被害を受けたため、想定しうる最大規模の地震で生じる津波の数値解析をして、海岸の保全施設との関係を調べようとしたのだ。

この報告書の付属資料には、太平洋沿岸部の市町村別に「想定津波」の高さの平均値が載っている。

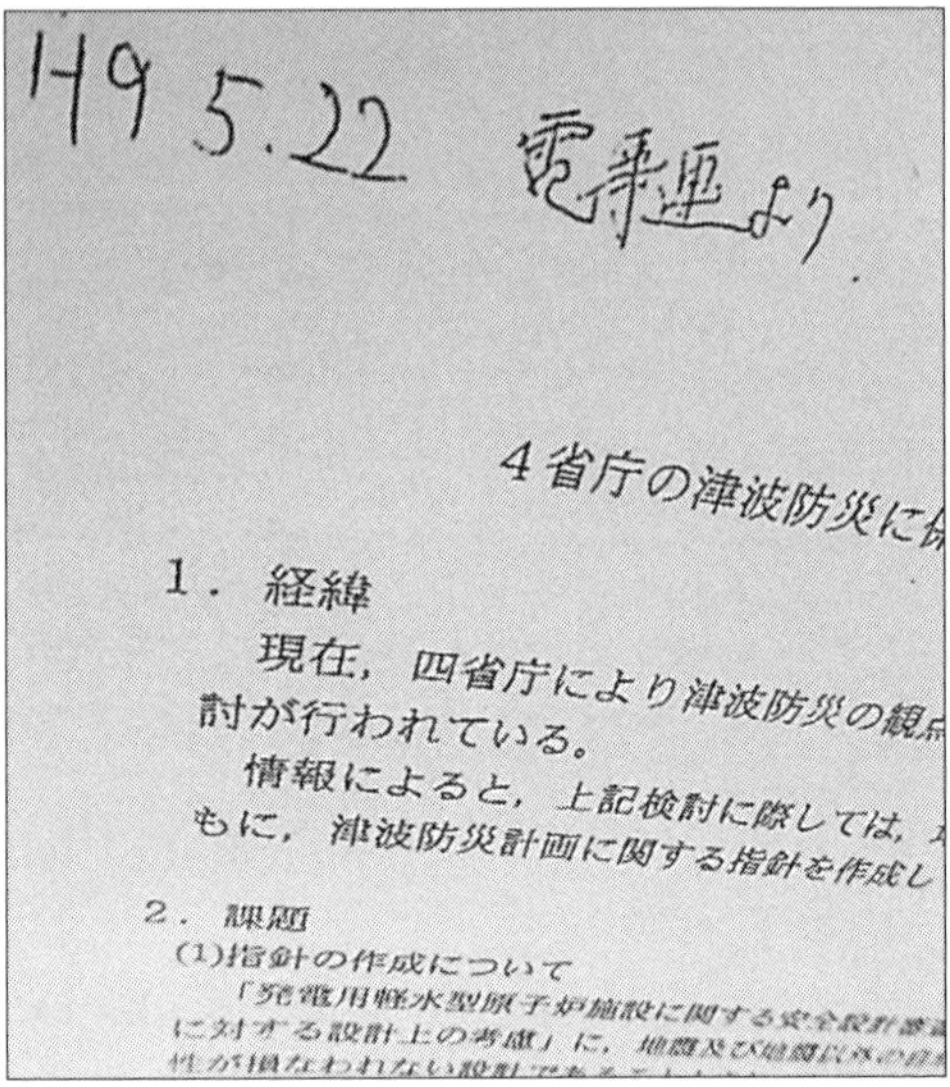
H9 5.22 電事連より

4省庁の津波防災に係

1. 経緯

現在，四省庁により津波防災の観点

討が行われている。

情報によると，上記検討に際しては，

もに，津波防災計画に関する指針を作成し

2. 課題

(1)指針の作成について

電事連から出されたとみられる文書の一部。

例えば、福島第一原発がある福島県の大熊町は六・四メートル、双葉町は六・八メートルとなっている。

当時、津波の高さの数値解析の精度には誤差があるため、半分〜二倍の違いが出るとされていた。そうすると、たとえば、敷地が海抜一〇メートルの高さにある福島第一原発1〜4号機はあまり余裕がないことになるのではないか——東電をはじめ電力会社は自社の原発を襲うかもしれない津波をかなり心配したはずだ。

実際、開示された一九九七年から一九九八年の津波に関連する資料は、電力会社から提出されたものを中心にかなりの分量になった。言うまでもなく、これらの開示資料は、通産省（現在の経済産業省）などの規制部門が保有していたものだ。つまり、国も津波に対する懸念を共有していた。

開示された文書の中で重要と思われるものの写真を以下、時系列に沿って並べてみる。

①「原子力としても影響を受ける」＝一九九七年五月二二日付

タイトルは、「省庁の津波防災に係わる検討が原子力へ与える影響について」。Ａ４判で二ページ。

左上に手書きで、「H9　5・22　電事連より」との書き込みがある。「電事連」は大手電力でつくる電気事業連合会の略称だ。

その開示文書の内容をみると、「課題」の項目にはこんな言葉が並ぶ。

「構造物の設計ではなく防災の観点とはいえ、他機関において津波の評価方法に係わる指針が制定されれば原子力としても大きな影響を受けることが予想されることから、四省庁の動向を踏まえ、原子力における津波に対する安全性評価指針の制定について検討していく必要がある」

「現時点で数万年後の防災計画を議論することは無用の混乱を引き起こすのみであり、（中略）将来発生することが否定できない津波（例えば、地体構造上最大規模の津波）までをそのまま具体的な防災計画に取り込むことには、すでに工学的な安全性評価を行って建設されてきた原子力施設等の安全性に議論が及ぶことが懸念される」

相当の警戒感をもっていたことが明らかだ。

②「福一、福二、東海地点はNG」＝一九九七年六月六日

右下に「東京電力株式会社」と印刷されている便箋は、右上に日付として「H9年6月6日」と手書きで書き込まれていた。手書きの文面の最後には、送り主として「東京電力㈱」と書かれていたが、その後ろの文字は個人名だったのだろう、黒塗りになっていた。

文面は「前略　先般ご依頼のあった津波に関する資料をまとめましたのでお届けします」で始まる。つまり東電が資料をとりまとめて、通産省の規制部門に出したことがうかがわれる。

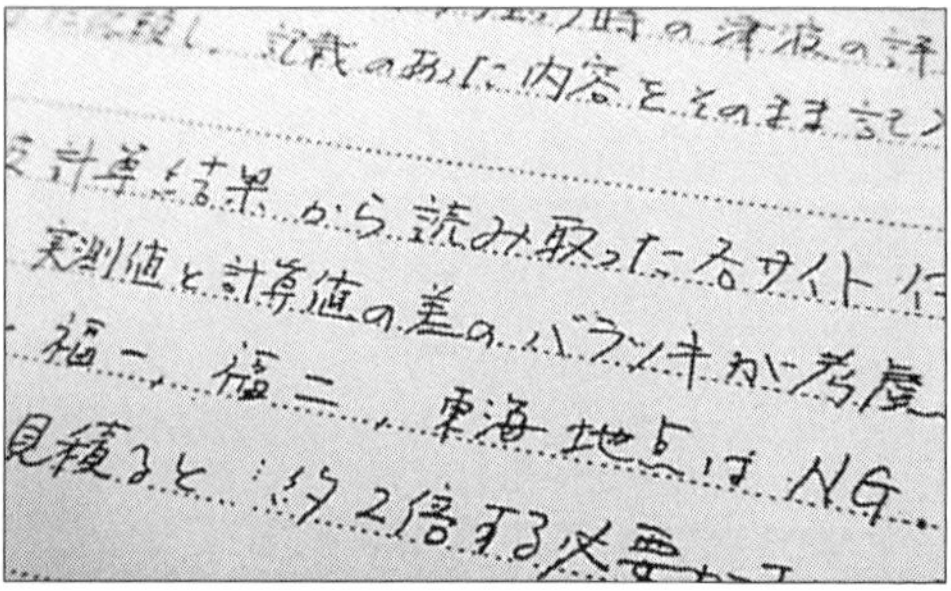

東京電力から出されたとみられる便箋。「福一」は福島第一原発を指す。

便箋上の手書きの文面は、「4省庁津波計算結果から読み取った各サイトの津波の高さ」に関してこう記す。

「この値を見ると、福一、福二、東海地点はNG。バラツキを考慮する場合、厳しく見積もると約2倍する必要があり、東通以外はNGの可能性大」

福一、福二はそれぞれ東電の福島第一、第二原発を指し、東海は日本原電の東海原発を指す。「NG」との表現に驚かされる。

東電広報部にたずねると、文書で返答をくれた。

まず、この資料そのものについては「東電で作成したものと推測されるが、当社にはないため、詳細は不明です」との回答だった。ただ、こう付け加えていた。

「なお、4省庁報告書は、太平洋沿岸の広範囲についての検討を目的としていることから、（中略）計算格子を六〇〇メートルと広く見ていること等により、津波数値解について『概略的な把握』を行ったものとされており、直ちに原子力発電所の設計検討において用いることができないと考えられます」

「一方で、原子力発電所における評価では、周辺の海底地形、海岸地形、防波堤等を反映させ、発電所を対象としたより詳細な解析を実施することが可能であり、4省庁報告書の示す波源について、高精度の数値シュミレーションを実施した結果、発電所の安全性に問題がないことを当時確認していました」

　文書には福島第一と福島第二の各号機ごとの最高水位と最低水位の一覧も記されていた。「NG」という表現と、回答の「安全性に問題がない」の乖離をどう考えるべきだろう。

③「二倍値」だと「モーターが水没」＝一九九七年七月二五日

「4省庁報告書」の正式名称をタイトルに冠した「『太平洋沿岸部地震津波防災計画手法調査』への対応について」も、私には内容が衝撃的だった。

　本文は四ページ。最初のページの右上には、「平成9年7月25日」の日付に続き、作成者として、電気事業連合会の組織とみられる「津波対応WG」との記述があった。

　これに付けられた全国各地の原発の津波の影響を評価した一覧も開示された。高さの変動を考慮して二倍で計算された数値（二倍値）もそこにあった。例えば福島第一原発の二倍値は九・五メートル。一〇メートルの敷地の高さにあとわずかだ。その数値の記述の横には「非常用海水ポンプのモーターが水没する」との記述もあった。

　この二倍値の資料は、原発事故をめぐる集団訴訟のうち、原告数が最多の「生業《なりわい》訴訟」でも書証として出された。

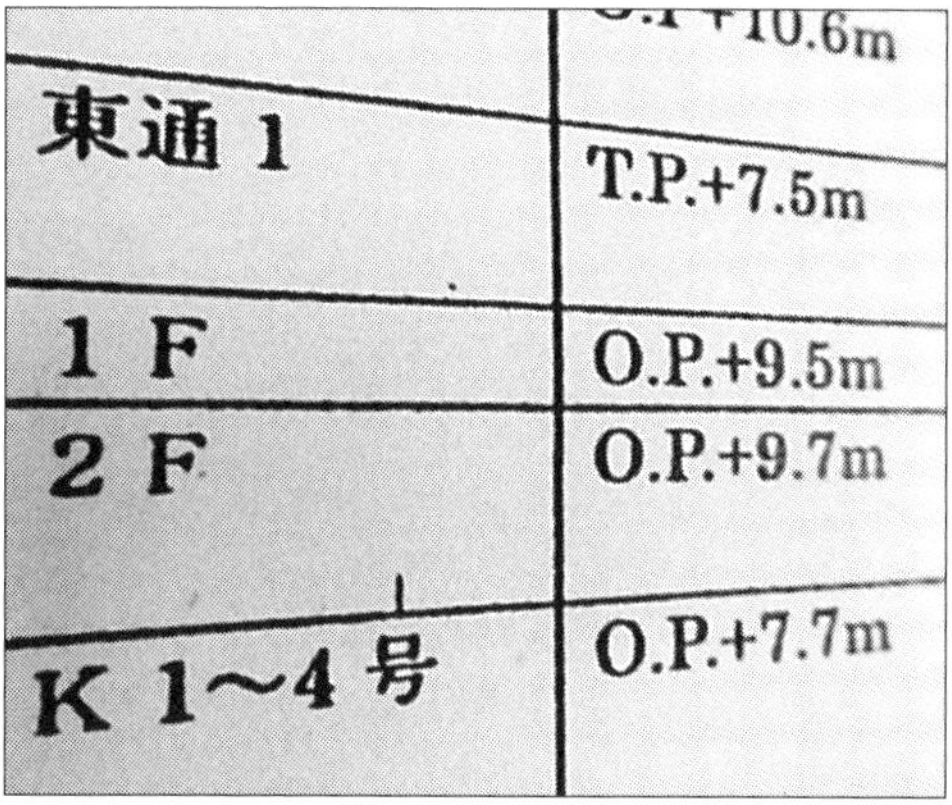

「津波対応ＷＧ」が作成した「２倍値」の資料。
「１Ｆ」は福島第一原発を指す。

原告側はこれをもって、東電と国は事故のずっと前から津波が敷地の高さを超える危険性を知っていた、と主張した。

裁判で東電はこう反論した。この二倍値のベースになった4省庁報告書は「原発の設計にあたっての想定津波の設定を目的とするものではなく、概略的な計算式を示したにとどまる」。つまり、精度が高くないし、事故が予見できたとするような議論にはつながらない、というのだ。②で記したような主張だ。

いずれにしろ、電力会社がこんな形で原発立地点の津波の高さの検討していたことを、私たちはまったく知らされていなかった。

④「施設は十分安全である」＝一九九七年一〇月一五日

「7省庁津波に対する問題点及び今後の対応方針」というタイトルの文書の中身も興味深かった。

こちらは、同じ時期に、「7省庁」が防災計画の策定手順などをまとめた報告書（正式名「地域防災計画における津波対策の手引き」）に対応するものとみられ、日付は「平成9年10月15日」とある。タイトルの脇に手書きで（電事連ペーパー）と書き込みがある。

文書は、「7省庁報告書」を元にして、「精度を向上させて電力独自に数値解析した結果」を出したところ、福島第一原発などは「冷却水取水ポンプの機能は確保されるものの余裕のない状況となっている」という。

しかし、この文書の後段にある、公表に備えた「Q＆Aにおける基本的な回答」は、七省庁による津波の高さの検討については、「太平洋沿岸全域の広い範囲を検討対象としていることから計算格子サイズが粗いなど概略的な検討である」と、また、「概略的」という表現を使うのだった。

それに対して、「原子力の計算では、各サイト毎に実際の海底地形、海岸地形等を正確に再現すため格子サイズを細かくするなど詳細な検討を実施しており、施設は十分安全であると考えている」としていた。

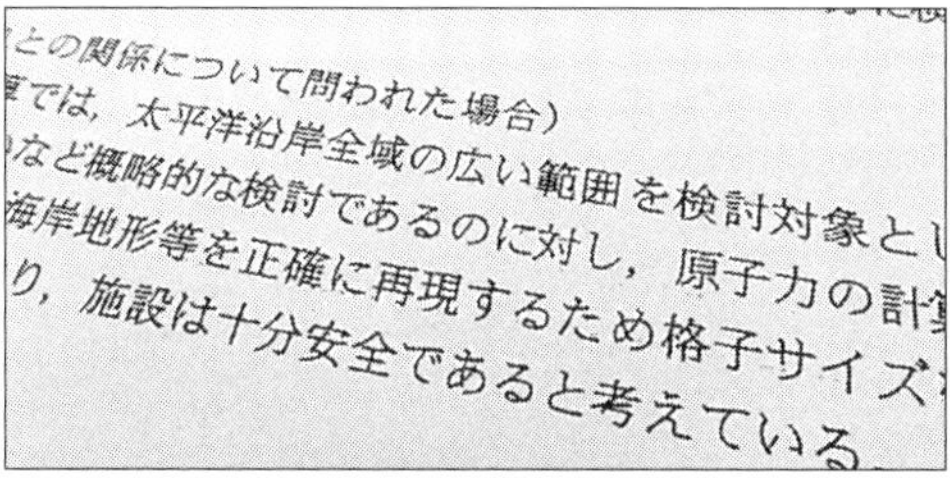
との関係について問われた場合）
では，太平洋沿岸全域の広い範囲を検討対象とし
など概略的な検討であるのに対し，原子力の計算
海岸地形等を正確に再現するため格子サイズ
り，施設は十分安全であると考えている

（電事連ペーパー）との書き込みがあった「対応方針」の文書の一部。「十分安全である」としている。

電事連にこの資料を送ってただしたが、「当該資料が残ってないため確認できない」との答えだった。

こうして津波の高さについて詳細な検討をしてから一〇年以上経った二〇一一年三月一一日。東日本大震災の津波が福島第一原発を襲った。

浸水高は高いところで一五・五メートルに及んだ。日本の原子力の歴史で最悪となる事故はここから始まる（地震で配管が破損したことなどから事故が起きたとの説もある）。

事故後、かつて津波の評価にかかわった東電社員や、こうした報告を受けた国の役人は、この年時の対応をどう振り返っただろう。

（WEBRONZAへの掲載は二〇一五年一〇月二〇日）

2　透ける防災当局と電力業界の「なれ合い」関係

津波対策に関して開示された資料には、別の意味で非常に興味深いものがあった。防災行政当局と電力業界の「なれ合い」の関係を示唆するものが出てきたのだ。

津波をどう見るかは、電力会社にとって、その対策に巨費が必要になるかもしれないという意味で大事《おおごと》だ。そのことを頭の中において、以下を読み進めてほしい。

電力業界が福島第一原発事故から一〇年以上前に津波の高さを詳細に検討していたことを前節で明らかにしたが、今回は二〇一一年三月の原発事故直前に文科省の防災研究の担当者と東京電力社員らの間で交わされたメールに着目する。

そこには東京電力の社員が、平安時代に東北地方を襲った貞観津波に対する国の評価に絡んで、福島の原発への影響を懸念する記述が残されていた。

折しも二〇一一年は、政府の地震調査研究推進本部（地震本部）が、二〇〇二年に出した三陸沖から房総沖の地震発生の予測（長期評価）を改訂しようとしていた時だった。その焦点の一つが、八六九年に東北地方を襲った貞観津波のような津波の再来をどうみるか、だった。

古文書には、貞観津波による溺死《できし》者が千余人にも及んだとの記述があった。詳しい実相は分かって

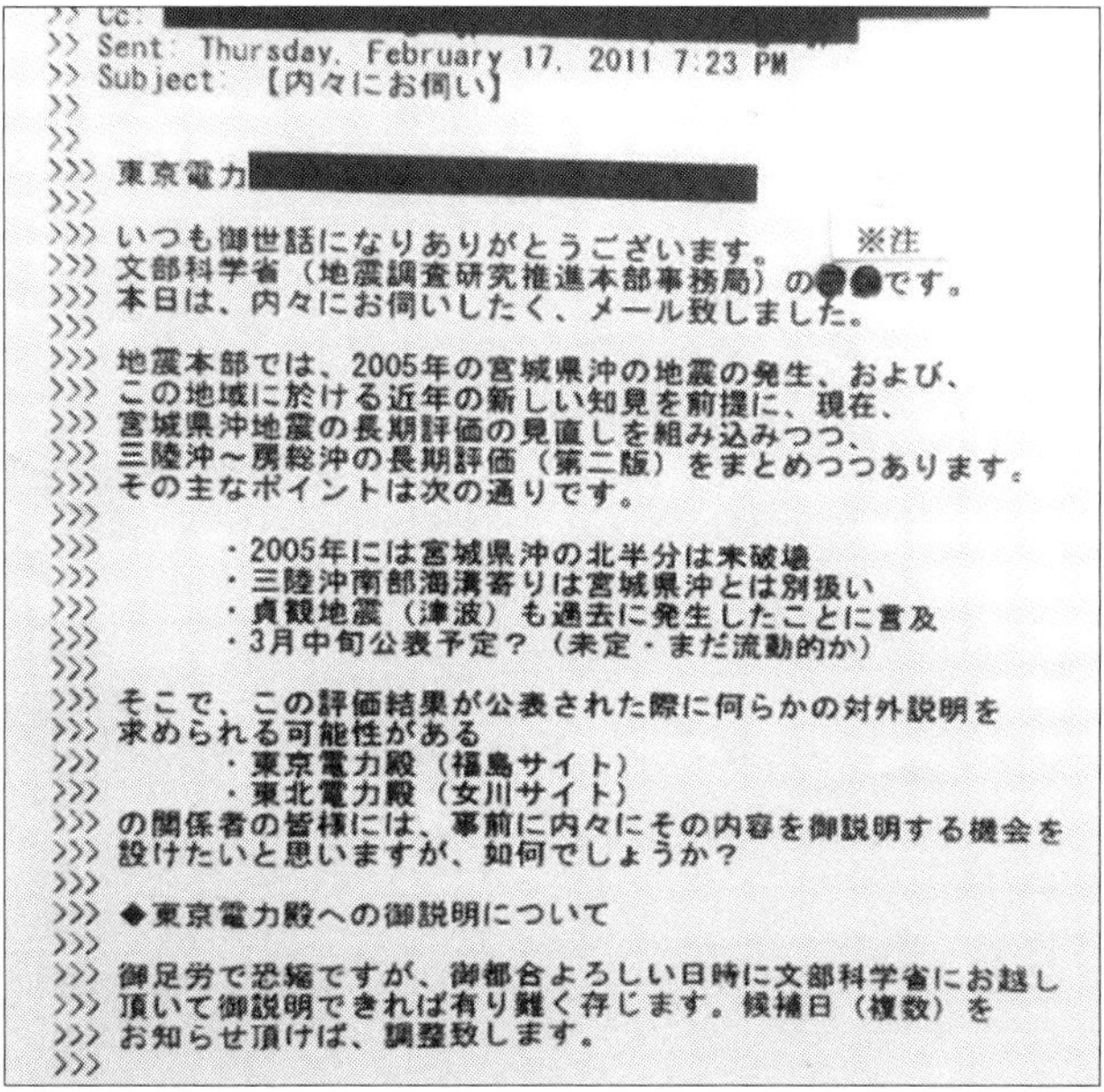
>> Cc: [redacted]
>> Sent: Thursday, February 17, 2011 7:23 PM
>> Subject: 【内々にお伺い】
>>
>>
>>> 東京電力[redacted]
>>>
>>> いつも御世話になりありがとうございます。　※注
>>> 文部科学省（地震調査研究推進本部事務局）の[redacted]です。
>>> 本日は、内々にお伺いしたく、メール致しました。
>>>
>>> 地震本部では、2005年の宮城県沖の地震の発生、および、
>>> この地域に於ける近年の新しい知見を前提に、現在、
>>> 宮城県沖地震の長期評価の見直しを組み込みつつ、
>>> 三陸沖～房総沖の長期評価（第二版）をまとめつつあります。
>>> その主なポイントは次の通りです。
>>>
>>> ・2005年には宮城県沖の北半分は未破壊
>>> ・三陸沖南部海溝寄りは宮城県沖とは別扱い
>>> ・貞観地震（津波）も過去に発生したことに言及
>>> ・3月中旬公表予定？（未定・まだ流動的か）
>>>
>>> そこで、この評価結果が公表された際に何らかの対外説明を
>>> 求められる可能性がある
>>> ・東京電力殿（福島サイト）
>>> ・東北電力殿（女川サイト）
>>> の関係者の皆様には、事前に内々にその内容を御説明する機会を
>>> 設けたいと思いますが、如何でしょうか？
>>>
>>> ◆東京電力殿への御説明について
>>>
>>> 御足労で恐縮ですが、御都合よろしい日時に文部科学省にお越し
>>> 頂いて御説明できれば有り難く存じます。候補日（複数）を
>>> お知らせ頂けば、調整致します。
>>>

文科省の担当者から東電の担当者に送られたとみられるメール。件名に【内々のお伺い】とある。なお、名前等は開示された段階で黒塗りになっていた。※注の印を付けた●●は筆者が加工した。

いなかったが、近年の津波堆積《たいせき》物の研究で、その解明が進みつつあった。

長期評価の改訂で、貞観津波のような津波の再来の可能性の評価が示されると、東北地方の太平洋岸に原発を持つ電力会社にとっては、防潮堤の増強といった対策が求められる可能性があった。

文部科学省の担当部局は、これを電力業界に知らせねばと考えたようだった。

▼「内々にお伺いしたく……」 文部官僚が東電に

開示資料の中から、文科省の担当者が二〇一一年二月一七日午後七時二三分に東京電力社員に送った、【内々にお伺い】とのタイトルのメールが出てきた。福島の原発事故から約一カ月前ということになる。こんな言葉で始まる。

「いつも御世話になりありがとうございます。文部科学省（地震調査研究推進

本部事務局）の●●です。本日は、内々にお伺いしたく、メール致しました」

開示資料には、送り主の名字が記されていたが、最近の所在を確認できなかったため、私の判断で名前を●●と伏せた（写真の※注の部分）。メールはこう続いた。

「地震本部では（中略）現在、三陸沖～房総沖の長期評価（第二版）をまとめつつあります。その主なポイントは次の通りです」とし、「三陸沖南部海溝寄りは宮城県沖とは別扱い」「貞観地震（津波）も過去に発生したことに言及」といった事項を並べ、その内容をほのめかしていた。

さらに「3月中旬にも公表予定？（未定・まだ流動的か）」と発表時期も示唆していた。

電力会社が文科省から、こんな「特別扱い」を受けていたことに驚く。

▼「影響が大きいのは東電の模様」

開示資料には、電力会社を気遣う記述がさらに続いていた。以下、転記する。

「この評価結果が公表された際に何らかの概略説明を求められる可能性がある

・東京電力殿（福島サイト）

・東北電力殿（女川サイト）

の関係者の皆様には、事前に内々にその内容を御説明する機会を設けたいと思いますが、如何でしょうか？」

そうして、「内容を説明する」ための会合を持つ日の候補日を尋ねている。

開示文書には、これに対する、東京電力の社員とみられる人物が返答するメールもあった。こちらの送り主の名は黒く塗られていた。
この返信は二〇一一年二月一八日午後二時四三分。冒頭、「ご連絡有難うございます。いつもお心遣い戴き、恐縮しております」との謝辞から始まる。
そのうえで会合開催の希望日時を伝え、こう続ける。そのまま転記する。
「なお、東北電力さんは施設の標高が高く
あまり影響がないようです
原電の東海さんの方が影響が大きいようですが
いずれにしましても最も影響が大きいのは東電の模様です」

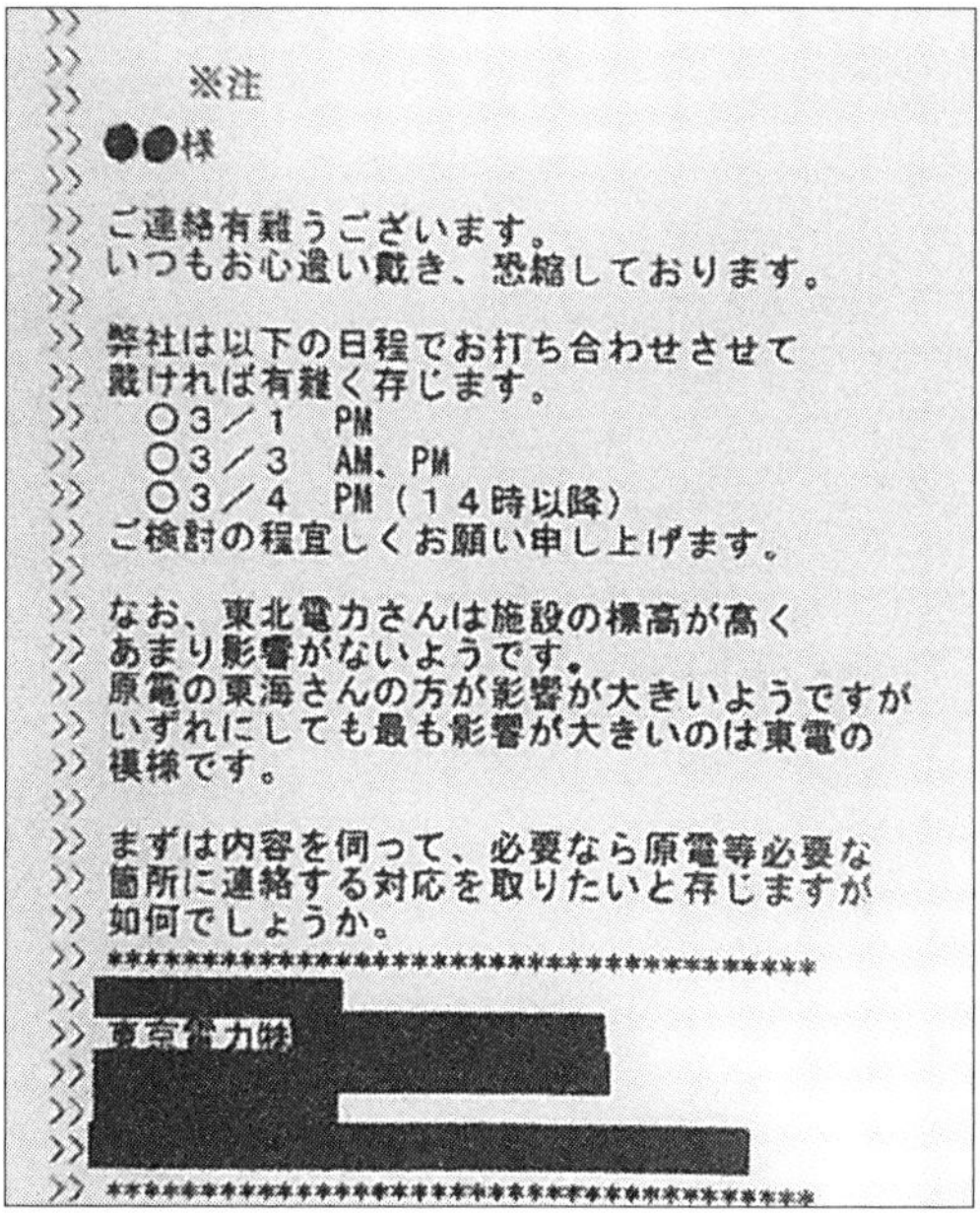

\>>
\>>
\>>　　※注
\>> ●●様
\>>
\>> ご連絡有難うございます。
\>> いつもお心遣い戴き、恐縮しております。
\>>
\>> 弊社は以下の日程でお打ち合わせさせて
\>> 戴ければ有難く存じます。
\>>　　○3／1　PM
\>>　　○3／3　AM、PM
\>>　　○3／4　PM（14時以降）
\>> ご検討の程宜しくお願い申し上げます。
\>>
\>> なお、東北電力さんは施設の標高が高く
\>> あまり影響がないようです。
\>> 原電の東海さんの方が影響が大きいようですが
\>> いずれにしても最も影響が大きいのは東電の
\>> 模様です。
\>>
\>> まずは内容を伺って、必要なら原電等必要な
\>> 箇所に連絡する対応を取りたいと存じますが
\>> 如何でしょうか。
\>> ************************************
\>> [redacted]
\>> ************************************

東電の担当者から文科省の担当者に送られたとみられるメール。「影響が大きいのは東電の模様」との記述があった。なお、前と同じく、名前等は開示された段階で黒塗りになっていた。※注の印を付けた●●は筆者が名前を伏せた。

東北電力は一九六〇年代の女川原発1号機の設計時、専門家らを交えた議論で過去の津波の記録などから、敷地の高さを約一五メートルにしていた（東電の福島第一原発1〜4号機の敷地は一〇メートル）。
また、「原電」は、日本原子力発電のことで、東海第二原発のある茨

城県が二〇〇七年、独自の津波浸水予測を公表したのに対応し、発電所の非常用発電機の冷却に必要な海水ポンプの防護壁をかさ上げする工事を実施していた。

こうして東北電力、日本原電の原発は、東日本大震災で津波に襲われたものの、危機的な事態はなんとか避けられた。

▼「相談に乗れる部分もある」と文科省

私はこの開示されたメールを東電の広報部に送り、当時の認識を確認したいと頼んだが、「送信者は（黒塗りで）明らかでないことからも、当時の認識についての確認は難しい」との答えだった。

そして、二〇一一年三月三日午前一〇時、東京・霞が関の文部科学省六階の「3会議室」で、実際に防災行政を担当する官僚と、東京電力、東北電力、日本原電の社員による非公開の会合が開かれた。

この非公式会合が開催されたことは、事故後、政府の事故調査委員会の公表資料で明らかになっている。当時、原子力安全・保安院の耐震安全審査室長だった小林勝氏が二〇一一年八月の聴取の際、東電から得た会合記録を提出したからだった。

この会合記録によれば、文科省側は改定案を示してこう説明している。「（改訂される長期評価は）サイエンスに基づいて評価しているので、結論を大きく変えることはできないが、表現の配慮など、相談に乗れる部分もあると考え、このような非公式な情報交換会をお願いした」

このとき東電が示した「当社からの説明と要望事項」も記載されていた。

「貞観地震の位置で、繰り返し地震が発生しているかについての議論は為されていない状況にある」

「色眼鏡をつけた人が、地震本部の文章の一部を切り出して都合良く使うことがある。意図と反する使われ方をすることが無いよう、文章の表現に配慮頂きたい」

そして、次の二点を「要望」した。

「貞観地震の震源はまだ特定できてない、と読めるようにして頂きたい」

「貞観地震が繰り返し発生しているかのようにも読めるので、表現を工夫して頂きたい」

ここまで来ると、「なれ合い」も度が過ぎていないか。

こうした経緯についての問い合わせに東京電力は「当社から評価等する立場にはございません」との回答だった。小林氏も取材に応じなかった。

二〇一一年三月三日の非公式会合の時から、地震・津波に備えて防潮堤の増強工事などをしても間に合わないだろう。だが、東電の担当者が送ったメールや非公式会合の記録からは、東電が貞観津波の評価に対し、以前から相当、神経をとがらせていたことが伺われる。

そして、二〇一一年三月一一日を迎える。

なぜ、東電は、その警戒心を実際の対策へとつなげることができなかったのだろう。

なぜ、国は対策を強く指示できなかったのだろう。解明すべきことが、まだまだ残っていると私は思う。

（WEBRONZAへの掲載は二〇一五年一一月一九日）

3　「被曝線量の長期目標」はどのように実質緩和されたか

今から数えると五年ほど前の二〇一六年のことになるが、丸川珠代環境相（当時）が、東京電力福島第一原発事故で、国が追加被曝《ひばく》線量の長期目標として示している年間一ミリシーベルトについて、「何の科学的根拠もない」などと講演で発言したことを認め、発言撤回に追い込まれたことがあった。だが元々、関係省庁には、年一ミリシーベルトまで除染することに懐疑的な見方が強く、被曝線量の把握方法を変えることで実質的な緩和が図られていた。

その策を練った会議資料が、朝日新聞の情報公開請求で復興庁などから開示された。この開示資料から検討内容・経過を探った。

▼「細野発言は想定外　費用の桁が違った」

まず、流れを整理しておきたい。福島第一原発の事故の後、当時の民主党政権は、空中の「空間線量」から推計された数値をもとに、年五ミリシーベルト以上の地域で除染を行う考えだった。

それが、細野豪志環境相が二〇一一年一〇月、福島県知事に対して年一ミリシーベルト以上の地域も国の責任で除染する方針を表明し、住民の多くは、空間線量で年一ミリシーベルトを「安全の基準」ととらえた（年一ミリシーベルトは、政府の一定の仮定を置いた計算で毎時〇・二三マイクロシーベルトになる）。

この「除染＝年一ミリシーベルト」方針は、経産官僚に言わせると「想定外の発言。あれで除染地域が広がり、費用の桁が変わった」という。

当時の仕組みでは、除染費用は国が立て替えるが、後に東電に請求されることになっていたため、除染の費用増大は東電の経営再建が厳しくなることも意味していた。

それが、政権交代後の二〇一三年一二月、安倍政権は閣議決定した新たな福島の復興指針で、帰還者の被曝線量の把握方法について、それまでの空間線量からの推計を、住民に配った個人線量計による計測へと見直す方針を打ち出した。

個人線量計だと、空間線量より低い数値になり、実質的な除染基準の緩和につながると見込まれた。

▼チェルノブイリ出張を経て方針転換

開示されたのは、そうした方向を打ち出した「線量水準に応じた防護措置のあり方に関する関係課長打ち合わせ」という名称の会議資料だ。二〇一三年の春から夏にかけての計七回分、一五四ページあった。その多くに、「対外厳秘」「取扱注意」の文字が付されていた。

会議のメンバーは、復興庁や内閣府原子力被災者生活支援チームなど関係省庁の幹部らで構成。その存在は公にされていなかったが、会議資料からは、空間線量から個人線量計への方針転換を周到に準備していたことが分かる。

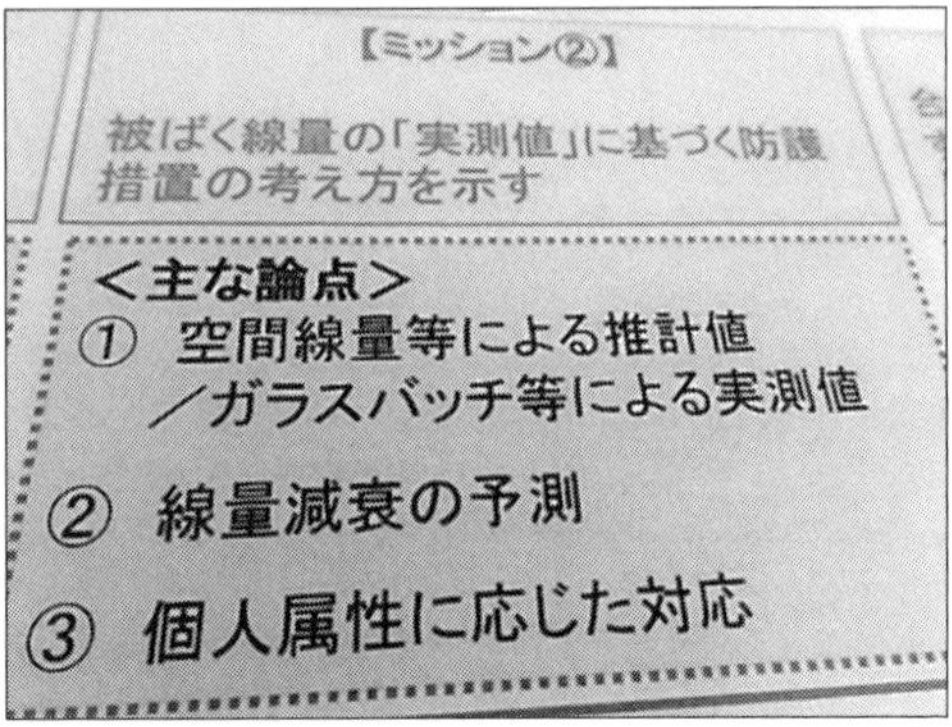
【ミッション②】
被ばく線量の「実測値」に基づく防護措置の考え方を示す
＜主な論点＞
① 空間線量等による推計値／ガラスバッジ等による実測値
② 線量減衰の予測
③ 個人属性に応じた対応

2013年4月4日の会議資料から。「ガラスバッジ（個人線量計）」に当初から着目していたことが分かる。

とくに私が驚いたのは、二〇一三年四月四日の初回から個人線量計に着目していたことだ。この日の会議資料は、「ミッション」として、「被ばく線量の『実測値』に基づく防護措置の考え方を示す」とあり、「空間線量等による推計値／ガラスバッジ（個人線量計）等による実測値」といった「論点」を示した。

会議のメンバーらは、この年の四月下旬から五月中旬にかけ、チェルノブイリ原発の事故後の対応を調査するため、分担してロシアやウクライナに出張。六月一七日に開かれた三回目の会合には、その出張をもとにつくった「チェルノブイリ原発事故に関する中間調査レポート（たたき台）」が出された。

同レポートは、チェルノブイリ原発事故の対応との比較で、日本の従来の空間線量をもとにした推計手法について、「屋外八時間」「建物は木造家屋」などと置いた「仮定」を理由に、「実効線量を『単純』『保守的に』推計」していると評価した。過大な数値が出ているとの見方だ。

また、チェルノブイリ原発事故後の除染については、「放射線量の低下がそれほど期待できないとされた森林等は、除染が行われなかったが、汚染マップの作成、立ち入り制限等が行われた」と記していた。

環境省は後に、住宅など生活圏から離れた森林の除染を実施しない方針を打ち出すが、それにつながる記述だった。

▼個人線量計は空間線量より数値が低い

六月二八日に開かれた四回目の会合資料には、福島県内の三都市における個人線量計で測った平均値を示す資料があった。

例えば、二本松市の場合、個人線量計による「実効線量」が、「空間線量」の約36%という値だっ

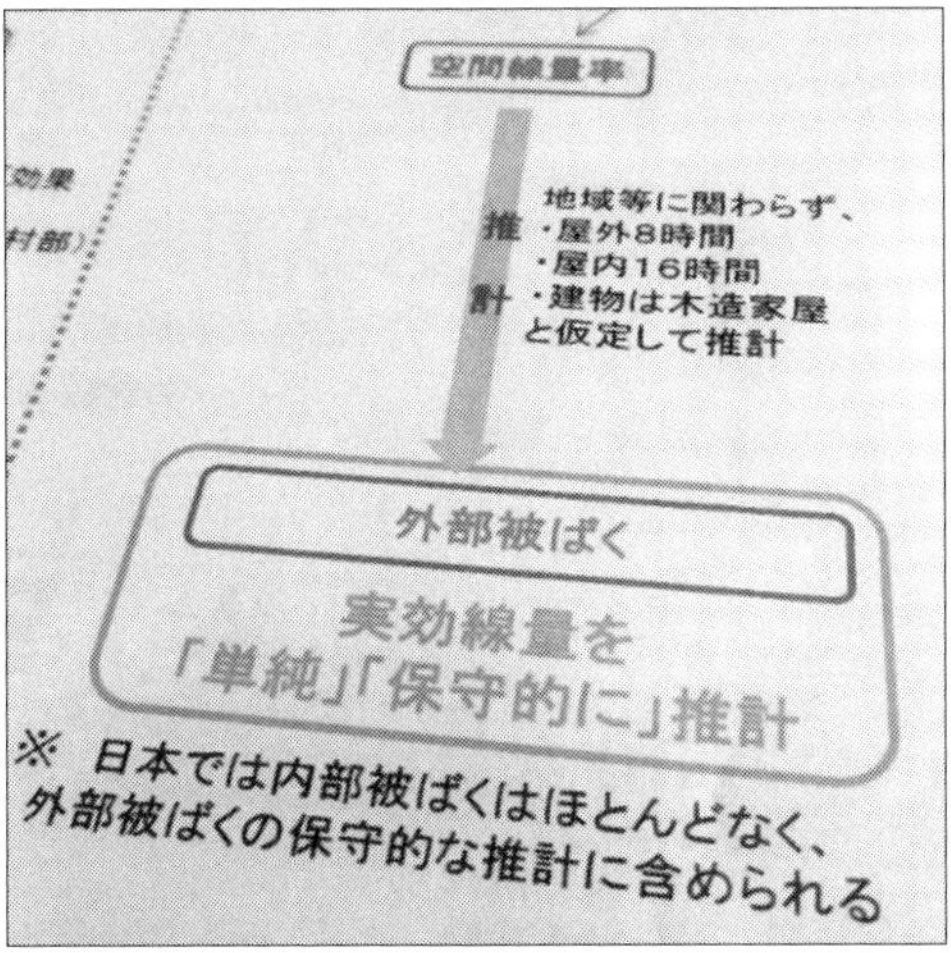

2013 年 6 月 17 日の会議資料から。従来の日本の推計手法を「単純」「保守的に」と評価している。

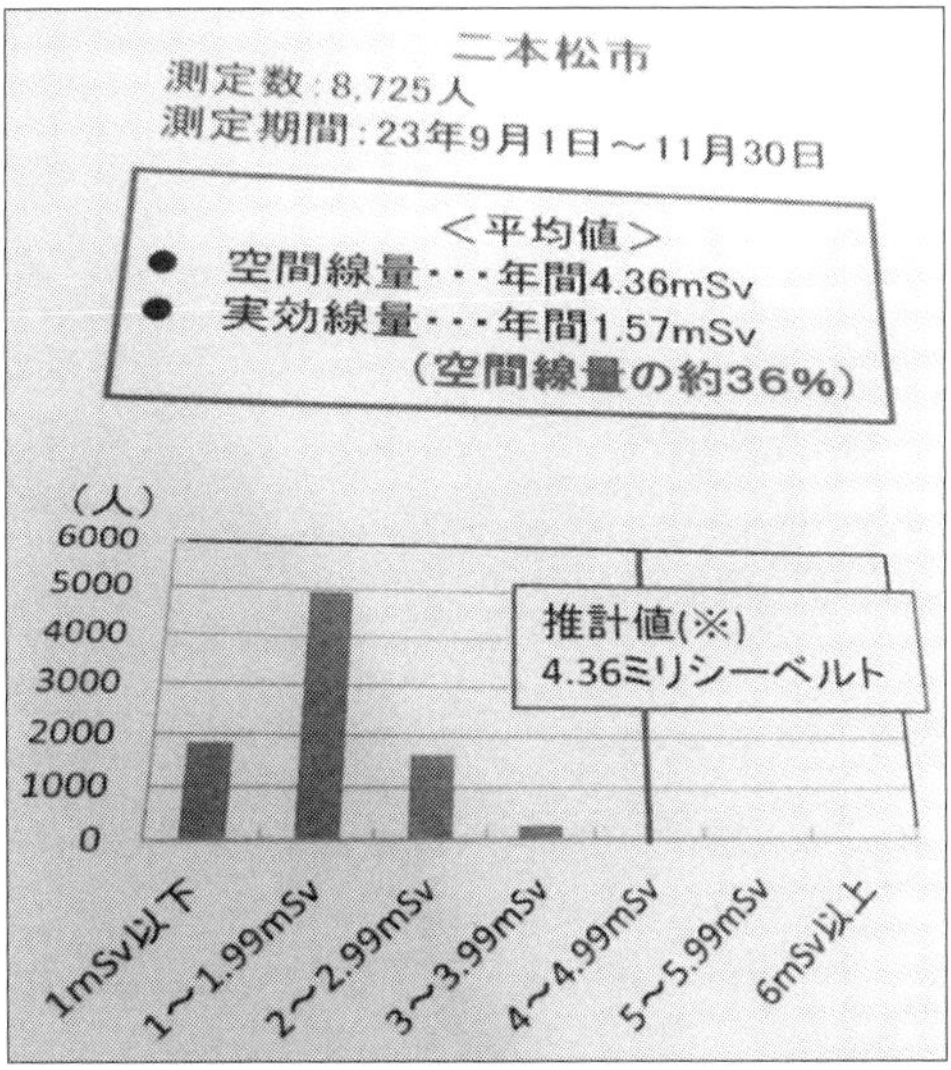

2013 年 6 月 28 日の会議資料から。個人線量計だと空間線量より低い数値になることが示されていた。

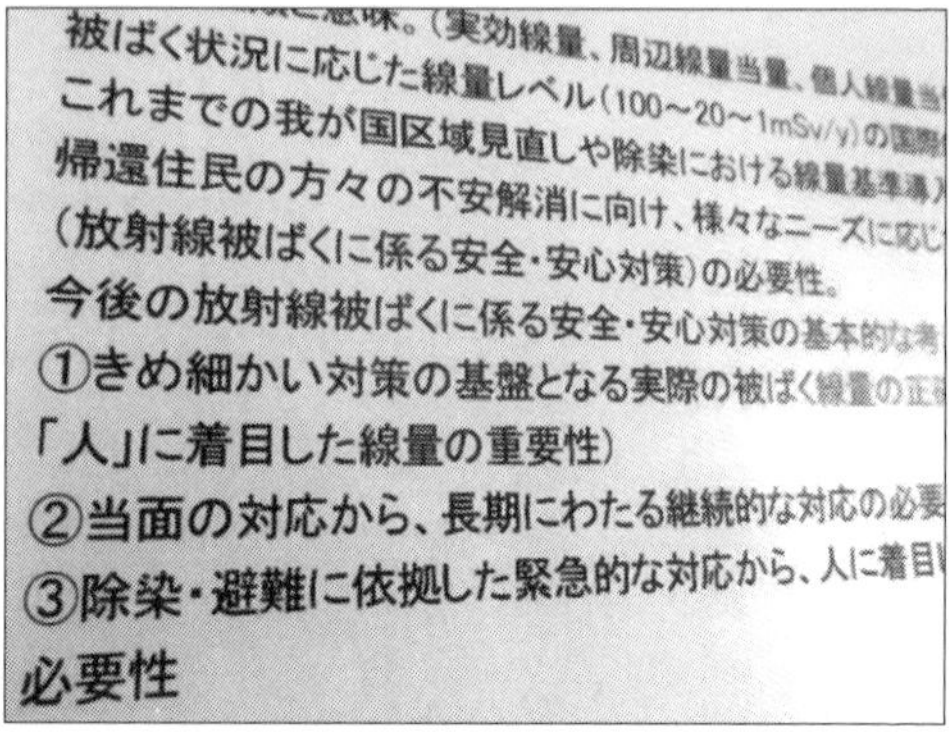

日付不明の６回目の会議資料から。「除染・避難に依拠した緊急的な対応」と記されている。

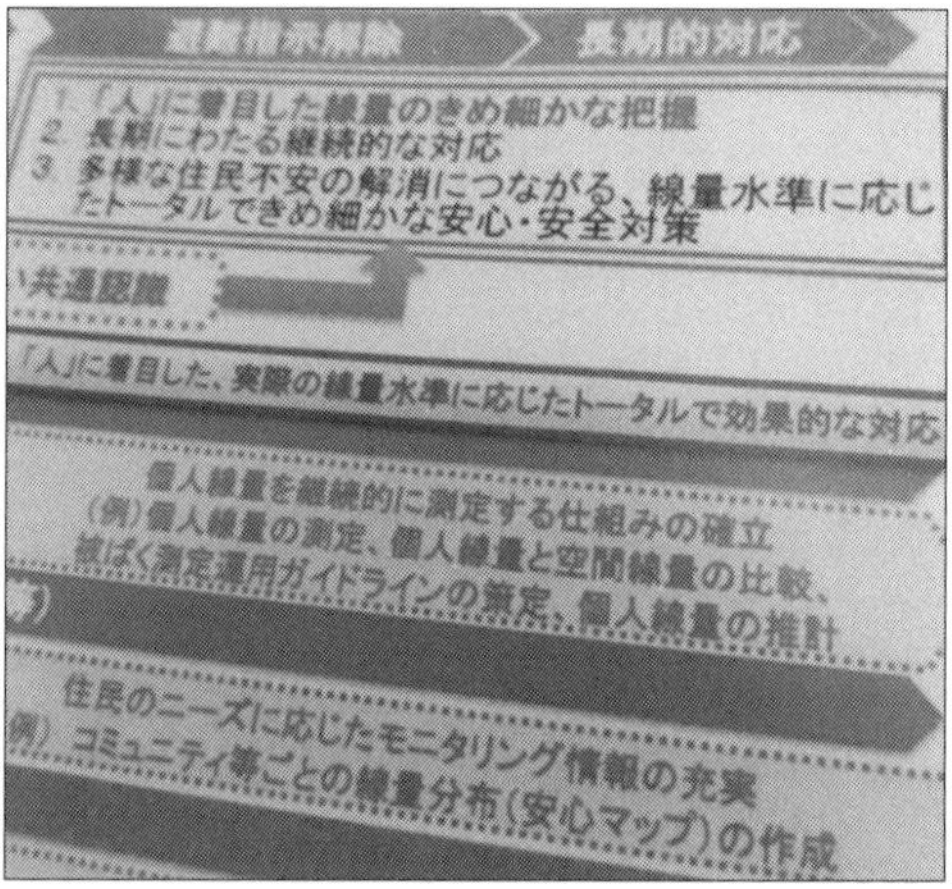

日付不明の６回目の会議資料から。「放射線被ばくにかかる安全・安心対策の骨子（案）」の一部。

たことを明示している。同様に、郡山市で約24％、福島市で約22％とあった。

個人線量計の数値が、空間線量より低い値になることを押さえたわけだ。

▼費用がかさむ除染や避難は「緊急的」と位置づけ

日付不明の六回目の会議には、それまでの議論をまとめる形で、「『放射線被ばくに係る安全・安心対策の基本的方向』取りまとめイメージ」と題した資料が出された。

この資料は、「除染・避難に依拠した緊急的な対応から、人に着目したきめ細かな対応の必要性」を強調。費用のかかる除染や避難はあくまで「緊急的」な対応と位置づけた。

同時に出された、「放射線被ばくに係る安全・安心対策の骨子（案）」には、避難指示の解除にあわせた形で、「個人線量を継続的に測定する仕組みの確立」や「個人線量測定結果等を踏まえた、放射線量の高い箇所の把握、立ち入り制限等」、「ガン検診等へのアクセスの確保」といった除染以外の対策が数多く掲げられた。

▼「測定は不正確」と市民団体

最終回の七回目資料には、「安全安心対策（仮称）の流れ（案）」との今後のスケジュールが記されており、二〇一三年一一月の日程として「原子力規制委員会で対策案全体の評価を了承」とあった。

実際、原子力規制委員会は二〇一三年一一月、帰還する住民の被ばく管理について、「空間線量率から推定される被ばく線量ではなく、個人線量を用いることを基本とすべきである」との提言をまとめている。

これを受け、安倍政権は二〇一三年一二月、「除染の際に参考にする情報として個人線量を活用する」検討方針を決めた。そして二〇一四年八月、環境省は市町村が行う除染の進め方について個人の被ばく線量を重視するとの方針を発表したのだった。

この時の環境省の発表だと、伊達市などの個人線量計による調査をもとに空間線量が毎時〇・三〜〇・六マイクロシーベルト程度の地域でも、年間被曝量は平均的に一ミリシーベルト程度になるとして、毎時〇・二三マイクロシーベルトは「除染により達成すべき空間線量の基準」ではない、と指摘した。

これに対して、市民団体から「個人線量計による測定は不正確」「恣意的に被爆限度数値をアップしている」などと反発する声が出た。

＊

この会議に出席した官僚と、子どもたちを放射能から守る活動をしている市民団体のコメントを紹介する。

◉帰れないデメリット大きい＝会議に参加した官僚の一人

政府の目標は、個人が受ける追加被ばく線量を長期的に年一ミリシーベルト以下にするということ。それは除染だけでやるとは全然言ってませんで、いろんな手段でやるということでした。線量の把握も、いつの間にか、「空間線量」によるものとなり、一人歩きしてしまった。

そうした誤解を解かないといけなかった。空間線量で一ミリシーベルトは、かなり厳しい値で、いつまでたっても福島の人が帰れないことになる。長期間、帰れないデメリットが、放射線によるデメリットより大きいと考えたのです。

（会議の内容は）特に公表しませんでした。普通の打ち合わせです。何かを決めることでもないので、議事録もありません。（原子力規制委員会に）私たちから素案を提示するのも普通のやり方です。課長級の会議に決定権はなく、決定は（規制委という）公の場でされました。

◉被ばくの過小評価につながる恐れ　＝「福島老朽原発を考える会」の青木一政事務局長

個人線量計は、例えば放射線技師が被ばく防護のため、胸部などに付けるものです。福島では、背中の方向からも放射線を浴びますが、胴体が放射線を遮蔽《しゃへい》して低めに検出されることになるのではないでしょうか。

実際の使われ方としても、四六時中持っているのは面倒だから、カバンの中に入れっぱなしだったり、自宅の机の上に置きっぱなしだったりします。つまり、被ばくの過小評価につながる恐れが大きい。大気汚染や水質汚濁の規制は、あくまで環境中の汚染物質の濃度が基準です。なぜ、放射性物質のみ、「場」でなく、「個人」を前面に打ち出すのでしょうか。

疑われるのは、個人線量計による計測で被ばくを小さくみせることによって、除染費用を抑えようとしていることです。そんなトリッキーなやり方で、原発事故の被災者を切り捨ててはいけません。空間線量一ミリシーベルトを基準に、改めて除染や帰還政策を考えるべき時です。

（WEBRONZAへの掲載は二〇一六年二月二六日）

第5章 原発はどこへ

学者や専門家の証言

二〇一一年の東京電力福島第一原発事故は、原発の様々な問題点をあぶり出した。

事故前、原発はほかの電源より「安い」とされていたが、ひとたび事故を起こせば巨額の事故対応費用がかかることがわかった。

賠償費用だけでなく、除染や廃炉作業などにも、とんでもないお金が必要になるからだ。

政府が進める汚染土や汚染水の処理に関しては、安全性の面などから懸念する声が出ている。

一方、原発を続けるとしても、とても大事な住民避難のあり方をどうするかといった問題さえ、まったく解決できていないように思える。

ところが、経産省はいまも、原発は「温室効果ガスを出さない」「エネルギー安全保障の点から重要だ」といった理由で原発の推進姿勢を変えていない。

他方で、事故を起こした東電にかわって、電力会社の中で原発推進の旗頭を担っていた関西電力は不祥事が発覚、その推進力を大きく損なうことになった。

原発輸出も進まない。

この章では、朝日新聞デジタルで続けてきた識者インタビュー「エネルギーを語ろう」から、そうした面で「原発の行方」を論じた五点を収録した。

なお、インタビュー記事は「ですます」調で書いたため、文体が変わることをお許しいただきたい。

冒頭のカッコ内の日付は、朝日新聞デジタルでの掲載日を示している。

1　原発の本当のコストは？　経産省の「安い」試算に異議

大島堅一・龍谷大学教授（二〇一九年一月二三日）

少々前になりますが、日立製作所が英国での原発計画を凍結したことは[*1]、原発がもはや安い電源と言えなくなった現実を私たちに見せつけました。原発や事故処理のコストをどう考えたらいいのでしょうか。電力のコスト分析に詳しい大島堅一・龍谷大教授に聞きました。

▼コスト試算の想定「甘すぎ」

──経済産業省が二〇一五年に示した二〇三〇年時点の発電コスト（一キロワット時）だと、原発は一〇・三円と、天然ガス火力（一三・四円）や石炭火力（一二・九円）より安く試算されていました。

「原発の建設費の想定が甘すぎます。福島の事故以前に建設されたような原発を建てるという想定で建設費を一基四四〇〇億円とし、そこに六〇〇億円の追加的安全対策を加算するというものです。

＊1　日立製作所は二〇一九年一月、英国での原発建設計画を凍結すると発表。英西部アングルシー島に原発二基をつくり、二〇二〇年代半ばの稼働をめざしていたが、原発の安全基準の世界的な強化を受けて総事業費が最大三兆円ほどにふくらむ見込みとなったためだ。その後、正式に撤退を発表した。

大島堅一・龍谷大学教授

設計段階で安全性の高い原発を想定しないという非常に奇妙な試算です」

――試算に使われた事故の発生確率にも疑問を呈していますね。

「経産省の試算では、追加的な安全対策を施すので、（福島第一原発のような）『過酷事故』が起きる発生確率は半分になるとしています。素朴な疑問ですが、なぜ、半分になるのでしょうか？」

▼英原発建設費　二基で三・五兆円も

――原発の建設費は世界的にみても高騰しています。

「英国で計画中の『ヒンクリーポイントC原発』（一六〇万キロワット級×二基）の建設費二四五億ポンド（欧州委員会の一四年の想定。直近の為替レートで日本円に換算すると約三・五兆円）です。それが大事なファクトです。メルトダウンした核燃料を受け止めるための『コアキャッチャー』や、大型航空機の衝突に耐える二重構造の格納容器など、安全性能を高めたためです。経産省の試算のように安くできるはずがありません」

――こうした状況を踏まえた場合、原発の発電コストはいくらになるのですか？

「私は、原発の一キロワット時あたりの発電コストは一七・六円になると試算しています。米電力大手エクセロンの経営幹部は二〇一八年四月、『新しい原発は米国内では高くてもう建てられない』と発言しています。日立製作所も想定した収益が見込めないとして、英原発輸出計画を凍結しました。そんな現実からしても一七・六円は外れていないと思います。もはや原発にコスト競争力はありません。斜陽産業として、いかに『たたむか』を考える時です」

▼重い国民負担　東電の責任は

――福島第一原発事故後、当時の民主党政権は東京電力を潰さずに国有化し、損害賠償の支払いなどを国が支える枠組みをつくりました。この枠組みをどうみますか？

「残念なのは、東電の責任について議論を尽くさず、あいまいにしてしまったことです。それで国がずるずると事故費用を出す形になり、結果的に国民負担を大きくしています。環境汚染の費用は汚染者が負担する『汚染者負担原則』がありますが、それから逸脱しており、大問題だと思います」

――損害賠償に加え、廃炉や除染などの費用が膨らんだ結果、事故費用の総額が二一・五兆円に倍増したとして、経産省は二〇一六年に新たな負担の割り振り策をまとめました。

「これも大問題です。経産省は賠償費用の新たな増大分についても電気料金から払うことにしました。福島の事故以前に電気料金の中にその費用を組み込んでいなかったので、国民にはそのツケがある、という理屈ですが、それは違います。東電のツケですよ。もしＪＲが事故を起こしたら、国民にツケがあるといって運賃から事故費用を徴収しますか？」

――廃炉費用は東電の送電部門の合理化益を充てる、除染費用は東電株の将来の売却益を充てる、と

事故後の東京電力福島第一原発
（2012年5月、朝日新聞社ヘリから）

いうことになりました。

「これもおかしな仕組みです。仮に送電部門で合理化益が出たら料金を下げるべきです。除染費用でアテにする東電株の売却益も、元々は国費を使っているので、売却益が出たら国庫に戻すべきです」

——では、どのように事故費用を捻出すればいいのでしょうか。

「『汚染者負担』が原則ですが、もしそれでは対応できないということなら、国会で東電の責任問題をしっかり議論し、『国にも責任があった』と見える形にして、税金でまかなうという判断はあってもいいと私は考えます。しかし今の負担の割り振り策では、事故費用を電気料金から、『こっそり』取るようなやり方だと言わざるを得ません」

▼実態に合ってない「復興」

——一方、政府は放射能濃度が一キロあたり八〇〇〇ベクレル以下となった汚染土を公共事業の盛土などに使えるようにしました。

「汚染土の最終処分の量を減らしたいからでしょう。それは、ひいては東電の費用負担を減らすことになります。さらに新たな除染を国の公共事業とみなす措置もできました。これも東電が支払うべき費用を軽くしているのです」

――政府が進めている避難者の帰還政策をどう見ていますか。

「避難指示の解除を受けて避難者が帰ったかというと、実際には様々な理由で帰れない方が多いのです。でも解除したので賠償は打ち切ります、と。実態に合っていないのです。復興の実態が伴っていないのに『問題はもうなくなりました』とされてしまうことを私は恐れています」

＊

大島堅一（おおしま・けんいち）龍谷大学教授（環境経済学）。一九六七年福井県生まれ。一橋大大学院経済学研究科博士課程単位取得。著書に『原発のコスト』（岩波新書）、『原発はやっぱり割に合わない』（東洋経済新報社）、共著に『原発事故の被害と補償』（大月書店）など。脱原発社会に向けた政策提案を続けるシンクタンク「原子力市民委員会」の座長も務める。

2　汚染土は公共事業に、汚染水は海洋放出……で大丈夫？

「ＦｏＥジャパン」の満田夏花理事（二〇一九年五月一一日）

二〇一一年の東京電力福島第一原発事故に伴う除染で出た汚染土や、原発敷地内にたまる汚染水に関して、管理や処分計画の危うさを懸念する声が出ています。安倍政権は東京五輪に向けて復興ムードを盛り上げようとしていますが、事故の後始末は簡単に終わるものではありません。汚染土・汚染水対策の現状と問題点について、国際環境NGO「FoEジャパン」の満田夏花理事に聞きました。

「FoEジャパン」の満田夏花理事

▼事故で出た放射性物質の問題とは

最初に原発事故で出た放射性物質の問題を整理しておきます。

福島県内の除染で出た汚染土などは最大で東京ドーム一八個分の二二〇〇万立方メートル発生すると見込まれました。[*2] そして、中間貯蔵施設への搬入開始から三〇年以内に福島県外で最終処分することが法制化されました。

しかし、国は二〇一六年六月、全ての県外運び出しは難しいとして、このうち一キロ当たり八〇〇〇ベクレル以下の土壌を公共事業で再利用する方針を示しました。公共事業の防潮堤や道路、鉄道な

---

*2 環境省は二〇一八年一一月、約四割減の一四〇〇万立方メートルになるとの新たな試算結果を示した。東京ドーム一一個分に相当する。焼却した可燃物などを差し引いたため。

どの盛り土などに使うことを想定しています。作業員や周辺住民の被曝を抑えるため、汚染土はきれいな土やコンクリート、アスファルトなどで覆って遮断することとされました。

一方、福島第一原発では、放射性トリチウム（三重水素）を含む汚染水がたまり続け、一〇〇万トンを超えました。構内に立ち並ぶ巨大タンクは九〇〇基を超え、二年以内に、敷地内の保管容量は東電が計画する上限に達します。

▼汚染土の再利用基準が緩い

――汚染土の公共事業への再利用で、国はきれいな土などで遮断するので安全だとしています。

「問題はたくさんあります。まず、再生利用できるとして打ち出した『一キロ当たり八〇〇〇ベクレル以下』という基準そのものが、非常に緩いのです。原発の解体などによって発生したコンクリートや金属などの再生利用のための従来の基準は『一キロ当たり一〇〇ベクレル以下（セシウム換算）』でしたから、その八〇倍です。国民を被曝にさらすおそれは消えません」

「降雨や浸食などによって環境中に放出される懸念もあります。国は、管理主体が明確な公共事業などに限定するから大丈夫だとしていますが、汚染土を道路の盛り土として使った場合、現在のセシウムが一〇〇ベクレルまで減衰するのに一七〇年かかります。盛り土の耐用年数は七〇年です。その後、どうするのでしょう。所管する環境省は私たちの問いに答えてくれていません。ジャーナリスト・まさのあつこさんは著書『あなたの隣の放射能汚染ゴミ』（集英社新書）で、『福島県から遠く離れたところに住んでいたとしても、放射能汚染ゴミがすぐ隣にやってくる可能性が近づいている』と指摘しています」

▼住民には不安・不信の声

――安全だという根拠はあるのでしょうか。

「環境省による実証実験が福島県内の数カ所で進行中です。飯舘村のうち帰還困難区域になっている長泥地区では、仮置き場の汚染土を運び込んで、農地の盛り土材として活用する実証事業が進められています。一方、二本松市では汚染土を道路の路床材に使う計画があったのですが、住民の強い反対にあって、環境省は二〇一八年、事実上の計画撤回に追い込まれました」

「南相馬市小高地区では、常磐自動車道の拡幅に汚染土を使う実証事業が計画されています。しかし、『実証』とは名ばかりで、そんな形で除染土の最終処分となってしまうのではないでしょうか。地元の区長さんたちも、『そこに永遠に置かれることになるのではないか』、『避難指示が解除されて住民が戻りつつあるのに、若者が帰ってこなくなる』などと心配しています」

――どう処理すればいいのでしょうか。

「汚染土をどうするかは難しい問題です。そもそも、再利用方針の背景にある『中間貯蔵施設から

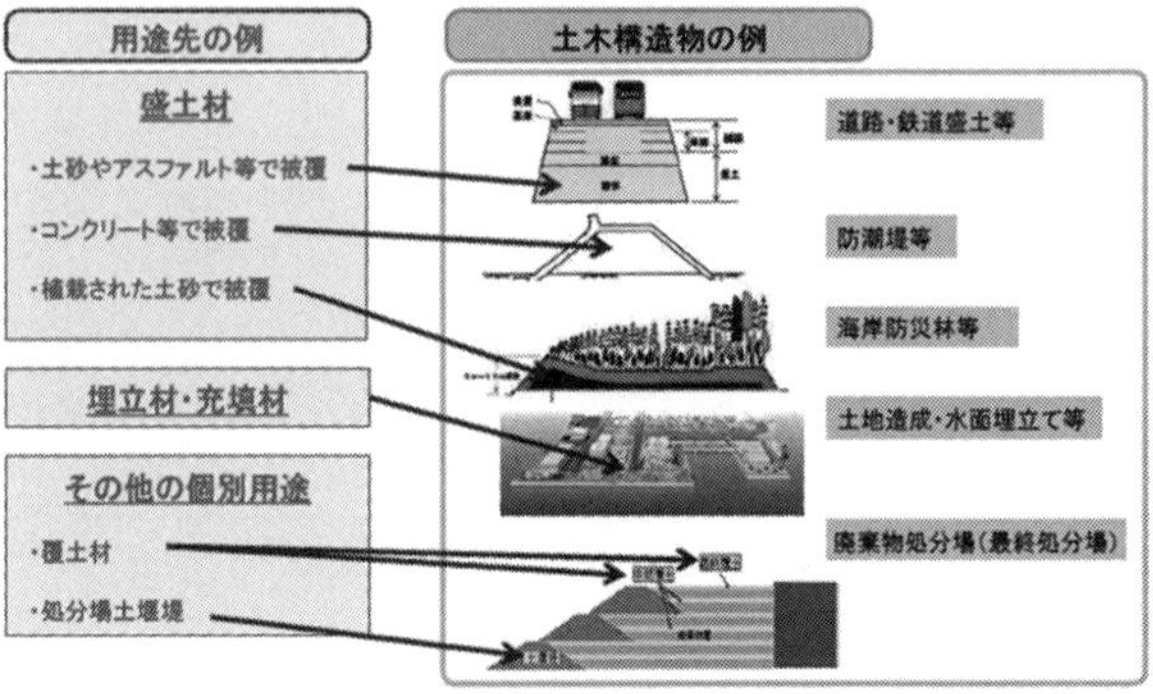

除染で出た土などの再生利用先として示された例（環境省の資料から）

三〇年以内に運びだす』という方針そのものが現実的ではなく、問題の解決をかえって先送りしているのではないでしょうか。汚染土をどうするのか、社会的な議論を真剣にすることこそ必要だと思います。私としては、中間貯蔵施設に運びこむしかないのではと感じていますが、どうするかはいわゆる『有識者』が決めることではなく、市民参加・住民参加のもとで議論して決めるべきことだと思います」

――汚染土は福島県外にもありますね。

「そうなんです。環境省によると、福島県外の汚染状況重点調査地域の汚染土は三〇万立方メートル余あるとみられています。こちらは公共事業に使うというのではなく、単純に埋め立てる、というのが国の方針です。それで環境省はいま、各地の自治体が埋め立て処分を行えるよう、省令案をつくろうとしています。わざわざ除染したことで出てきた土なのに、それを埋め戻すもので、まったく意味がわかりません」

「しかも、現在の案では、雨水流入対策や地下水浸出対策は不要とされています。この県外の埋め立て処分をめぐっては、環境省が栃木県那須町や茨城県東海村で実証事業を進めているのですが、地域住民の間には、そもそも除染土を埋め立てることに疑問や不信の声も聞かれます」

▼汚染水の海洋放出にも反対意見

――福島第一原発構内の汚染水の量も増え続けています。そこで、薄めて海に流す「海洋放出」という案が浮上しています。

東京電力福島第一原発に並ぶ汚染水の貯蔵タンク（2019年7月）

「はい。原子力規制委員会の更田豊志委員長は、薄めて海に流す『海洋放出』が最も現実的な選択肢だという見解を示しています」

――地域はどう受け止めていますか。

「この問題で国は二〇一八年八月、富岡町や郡山市で公聴会を開いたのですが、海洋放出については反対・慎重意見が大半でした。公聴会に参加した県漁連の会長はその場で、『風評被害を惹起《じゃっき》する。築城十年、落城一日だ』と反対しました。福島第一原発の汚染水のトリチウムの総量は、青森県の使用済み核燃料再処理工場（未稼働）に比べると格段に少ないというのですが、だからといって海洋放出を許していいことにはなりません」

「同年九月には、汚染水を浄化装置ＡＬＰＳ（アルプス）で処理した後も、放射性のストロンチウムやヨウ素１２９などが基準値を超えて残っていたことが発覚しました。東電は『浄化処理すればトリチウム以外の放射性物質を除去できる』としてきたのに、話が違います」

――海洋放出以外の手立てはないのですか?

「私も加わる市民シンクタンク『原子力市民委員会』は二〇一八年六月、大型タンク一〇〇年以上保管せよ、という声明を出しました。具体的には、国家石油備蓄基地で使っている一〇万トン級の大型タンクを一〇基建て、そこで一二三年間保管すれば、放射性のトリチウムの放射濃度は一〇〇〇分の一に減衰する、というものです。事故前に第一原発が海洋放出していたトリチウムの年間最小値より小さい値となります。建設費は一基三〇億円として一〇基つくっても、凍土壁の建設コスト三四五億円と大差ありません。第一原発7、8号機の予定地を建設場所に使えるのではないでしょうか」

▼総量管理の法律を

――「FoEジャパン」として、放射性物質の法規制を訴えていますね。

「はい。汚染土や汚染水の問題を通じて分かるのは、放射性物質のしっかりとした法規制が必要だということです。他の公害要因物質と同様に、放射性物質の放出・拡散を規制し、人々を被曝から防護するため、総量管理などを盛り込んだ『放射能汚染防止法』(仮称)の制定を求める運動を進めたいと考えています」

＊

満田　夏花(みつた・かんな)　東京大学教養学部卒。財団法人「地球・人間環境フォーラム」の主任研究員を経て、二〇〇九年にFoEジャパンに入り、森林問題などに取り組む。二〇一一年の福島の原発事故以降は被災者・避難者支援などに従事、二〇一七年四月に理事に。二〇一八年二月、脱原発社会に向けて政策提案を続ける「原子力市民委員会」の座長代理にも就いた。共著に『福島と生きる：国際NGOと市民運動の新たな挑戦』(新評論)、『「原発事故子ども・被災者支援法」と「避難の権利」』(合同出版)など。

3　無限の安全対策は無理？「桁違い」原発リスクどうみる

プラント技術者・筒井哲郎氏（二〇一九年一〇月一〇日）

東京電力福島第一原発事故をめぐり強制起訴された旧経営陣三人に対し、東京地裁は二〇一九年九月、無罪とする判決を言い渡しました。*3 プラント技術者の筒井哲郎氏は、この判決を強く批判しています。

近著『原発フェイドアウト』（緑風出版）でも、原発が抱える根本的なリスクに改めて警告を発しました。プラント技術者の筒井さんから見える原発の問題点はどこにあるのか。話を聞きました。

▼石油・化学プラントとは違う

――東京地裁の「三人無罪」の判決をどう受け止めますか。

「原発が過酷事故を起こした時の被害の大きさへの理解が、裁判所には決定的に足りない、と感じました。

＊3　判決に関する記事などは第2章の後段に収録。

東日本大震災の直後、コスモ石油千葉製油所（千葉県市原市）で火災爆発事故が起きたのを覚えていますか。鎮火まで一〇日間かかりましたが、周辺の住民にほとんど被害はありませんでした。石油・化学プラントはもともと可燃物で満ちた装置ですが、火災はいずれ鎮火します。対して原発事故はどうですか。福島第一原発事故では、今も避難を余儀なくされている人々がいます。東日本全域が居住不能になる可能性さえありました。被害は桁違いに大きいのです」

「事故前、勝俣恒久・元会長らが出席した社内会合では、津波を伴う巨大地震の予測が議論されていました。でも、判決は、他の電力会社も予測を全面的には採り入れてないなどとして、対策をすべきだったとする検察官役の指定弁護士の主張を退けました。しかし、石油・化学プラントよりとてつもなく大きなリスクを抱える原発です。すこしでもその可能性があるなら、首脳は『どうなっているんだ』と、積極的にリスクを聞き出して対処すべきなのです。

社内連絡の不備で明瞭な説明がなかったといって責任を免れるなら、危険に耳を覆う経営者が無罪になってしまいます」

「プラント技術者の会」の筒井哲郎氏

▼「経済性無視の対策はできない」に驚く

――元プラント技術者の目からみた東電の津波対策はどうですか。

「私は原発事故の集団訴訟で原告側の証人に立ったことがありますが、被告（政府・東電）側は、私は原子力工学の専門家ではないので、津波対策は分からないだろう、とアピールしていました。私に言わせれば逆です。多くの分野の専門家がかかわらないといけないプラントの問題を、もしかすると、東電の社内では、原子力工学の人々の身内だけで意思決定していたのではないでしょうか。

津波対策は、もっと広い視野から検討されるべきだったのです」

「もう一つ私が驚いたのは、被告側から、経済性を無視した安全対策を行うことはできないとする、ある原子力工学の高名な学者の意見書が出されたことです。原発といえども、火力発電などとの競合で売電単価を安くしないといけない。だから無限の対策はできない、というわけです。東電の経営層にもそんな考え方があって、津波対策にお金と手間を惜しんだのかもしれません」

▼汚染水「一〇〇年以上保管」を

――ところで、話題となっている汚染水の問題はどう見ていますか。

「私も加わる『原子力市民委員会』は恒久的なタンクで保管するべきだと主張しています。石油備蓄に使う一〇万トン級のタンクを建設し、そこで一〇〇年以上保管しようというものです。放射性トリチウムの放射濃度は一二三年保管すると一〇〇〇分の一に減衰します。建設費用は凍土壁の建設費とそう違いません。場所も7、8号機の建設予定地を使えばいいのです。海洋放出以外に道はないという『宣伝』は、事実と違います」

——政府は除染で出た汚染土について、高速道路などの公共事業で使えるようにする方針を示しています。

「苦し紛れの方策と言わざるを得ません。原発の解体などによって発生したコンクリートや金属片などの再生利用のための従来の基準は、『一キロあたり一〇〇ベクレル以下（セシウム換算）』でしたが、今度は『同八〇〇〇ベクレル以下』と、八〇倍も緩和するものです。それを資源の有効利用という名目で使おうというのです。汚染土は、保管先の福島県大熊、双葉両町にまたがる中間貯蔵施設から三〇年以内に県外に持ち出し、最終処分されることになっていますが、その行き先のメドがないので、そんなおかしな『資源化』策が出てきたのだと思います」

▼「絶対安全と言いません」は無責任

——筒井さんは近著『原発フェイドアウト』で、再稼働政策に安全面から疑義を呈しています。とりわけ「規制に合格しても、絶対安全とは言いません」との発言を繰り返した田中俊一・前原子力規制委員長（その職にあったのは二〇一二年～二〇一七年）を批判しています。

「安倍晋三首相は、そんな無責任極まりない発言をした原子力規制委員長を更迭するか、もしくは『私が安全を保証する』と言わないといけません。いま、『安全です』と誰も言わないまま再稼働が進んでいるわけです。もし事故が起きたら、責任ある人々は『私は安全ですとは言わなかった』と言うのではないですか」

「再稼働に関して、プラント技術者としてもう一つ信じられないのが、原発事故が起きた時の賠

筒井哲郎氏の「原発フェイドアウト」
(緑風出版)

償制度です。普通の石油・化学プラントは損害保険を掛けて、事故が起きた時の周辺の被害も自らの損失もカバーできるようにしています。ところが、原子力の損害賠償制度の保険金は最大一二〇〇億円でした。実際の福島の原発事故の賠償・除染費用は一二兆円を超えています。いかに過少だったか。福島の事故をめぐっては、政府は急いで賠償原資を電気代に上乗せして徴収するといった仕組みをつくりましたが、保険金額そのものは一二〇〇億円に据え置いたままです。つまり、他の原発の事故に対する備えは、今も、ほとんど『ない』のです」

▼原発は役割を終えた

――原発推進派の間では、核抑止力の観点から原発が必要だという意見が根強くあります。

「原子力技術が原爆に役立つというのなら、実験が必要になるのではないですか。日本のどこで核実験をするのですか?

それよりもプラント技術者として思うのは、他国と戦争になったときに最も狙われるのは原発だろうということです。原発はそれ自体、原爆相当の危険物を内包している脆弱《ぜいじゃく》なシステムです。戦争に備えるというのなら、原発の存続はありえません」

――原発の使用済み燃料の「行き場」も見えていません。

「日本ではいま、資源エネルギー庁と原子力発電環境整備機構（NUMO）が処分場の候補地選定の説明会を各地で開いていますが、私からすると、『ないものを探すフリ』にしかみえません。どこかにあるのですか？　国内に処分場がないと言った瞬間、『捨て場所がないのになぜ続けるのだ、止めろ』となるので、本当のことを言えなくなっている。結局、管理型処分場でだらだらと保管していくしか道がないのではないでしょうか」

「こんなやっかいな原発は長続きしません。終わりにしましょう。本のタイトル『原発フェイドアウト』には、そんな思いを込めました」

＊

筒井　哲郎（つつい・てつろう）　一九四一年生まれ。東京大学工学部卒。千代田化工建設などで国内外の石油、化学プラントの設計・建設に携わった。在職中から公害問題に取り組み、福島第一原発の事故後、対策に貢献したいと同じ思いを持つプラント技術者らで「プラント技術者の会」を結成。さらに、脱原発社会に向けて政策提案を続ける「原子力市民委員会」に加わり、二〇一六～二〇一八年に原子力規制部会部会長。同委員会が二〇一四年と二〇一七年に出した政策提言集にも主要メンバーとして携わった。

4 「この国は変わってない、ダメだ」 前東海村長が抱く不安

村上達也さん（二〇一八年一〇月一七日）

日本原子力発電[*4]の東海第二原発（茨城県東海村）が二〇一八年一一月、運転開始から四〇年となります。首都圏で唯一の原発の運転延長をめぐり、安全性やいざという時の避難計画をめぐってさまざまな議論が起きています。「脱原発」の立場を明言し、同原発の廃炉を訴えている村上達也・前東海村長への取材と最近の講演から何が問題なのかをまとめました。

▼防潮壁　七〇センチが分けた明暗

――二〇一一年三月の東日本大震災のとき、東海第二も危うい状況だったと指摘されていますね。

「はい。あまり知られていませんが、東日本大震災では東海第二も二系統ある外部電源がダウンし、

＊4　日本原子力発電は一九五七年設立の原発専業会社。株主に東京電力ホールディングスや関西電力など大手電力会社が並ぶ。保有する四原発のうち東海原発、敦賀原発1号機は廃炉作業中。敦賀2号機は原子炉建屋の直下に活断層が存在する可能性が指摘され再稼働が厳しいとみられ、東海第二原発が経営のカギを握る。東海第二は出力一一〇万キロワットで、福島第一原発と同じ沸騰水型炉。一九七八年に運転を開始した。

三台ある非常用発電機の一台が浸水で止まってしまい、残る二台で原子炉の冷却を続けて、なんとかセーフという状況でした」

「あのとき、東海第二を襲った津波は高さ五・四メートルでした。実は、防潮壁を六・一メートルにかさ上げする工事が、震災のわずか二日前に完成したばかりでした。つまり、たった七〇センチの差で助かったと、私は理解しています。福島第一原発のメルトダウン（炉心溶融）とは紙一重でした。それで天の助け、天佑《てんゆう》と言っています」

――原子力規制委員会は二〇一八年九月、東海第二が「新規制基準に適合する」と認める審査書を決定しました。

「不安な点がいくつもあります。例えば火災対策では、燃えにくい電気ケーブルが求められるのに、その古いゆえの構造から、すべてを取りかえることができないのです。しかも、軟弱な地盤の上に建てられ、地震や津波には脆弱《ぜいじゃく》との指摘もあります」

茨城県東海村の村上達也・前村長（2018年6月13日、東海村の自宅で）

▼周辺自治体の同意が必要に

――半径三〇キロ圏内には全国で最多の九六万人が住みます。この範囲の一四市町村には事故に備えた避難計画の策定が義務づけられていますが、難航しているようです。

講演する東海村の村上達也・前村長（2018年9月30日、川崎市）

「まさに、『関東防空大演習を嗤《わら》ふ』です[＊5]。およそ一〇〇万人もの人々が秩序だった避難などできるはずがありません。体裁を取り繕おうとしているだけです」

――地元の動きでいえば、立地自治体の茨城県と東海村に加え、水戸市など周辺五市の事前了解も必要とする安全協定が二〇一八年三月、日本原電との間で結ばれました。再稼働に対する「同意権」が周辺自治体に広がりますね。

「福島第一原発事故の被害は広大な地域に及びました。ですから、私は、原発の運転にあたっては、周辺自治体の同意も必要だと考えて、まだ村長をしていた二〇一二年二月、周辺市首長との懇話会をもうけ、協議を始めました。立地自治体だけが利益を独り占めするというのは認められないと思ったのです」

「今の東海村村長・山田修氏は当時、副村長で、私と一緒に原発の問題に取り組んでいました。ですから、事情をよく知っていますし、安全協定は彼が粘り強くやってくれたからできたのです。首長懇話会のみなさんもよくやってくれたと思います。詰めなければいけないことがまだありますが、住民の命に責任を持つ首長は、そう簡単に『ゴー』とは言えないと思います」

＊5　信濃毎日新聞主筆だった桐生悠々が戦前の一九三三年、木造家屋の多い東京に爆弾が投下されれば、一気に火災が広がるなどとして、防空演習は役立たないとした評論。

▼JCO臨界事故で国に不信感

――原発に反対を唱えるまでの経緯を伺います。村上さんは当初、脱原発ということではなかったわけですが、村長に就任して三年目の一九九九年に、核燃料加工会社「ジェー・シー・オー（JCO）」東海事業所の臨界事故がありましたね。

「本当に驚きでした。街中に、通常の工場と変わらない薄っぺらな壁の建物をつくって、そこでウラン燃料を加工していたのです。そして、ひしゃくやバケツを使い核燃料をつくるということが、まかり通っていたのです。もっとも、問題の本質は、臨界事故を誰もまったく想定していなかったことです。発注元の当時の核燃料サイクル開発機構（前身は「動力炉・核燃料開発事業団」）や科学技術庁などにも責任があるはずですが、結局、JCOだけに責任を押しつけて終わらせてしまいました」

――事故の時、村長の独自の判断で避難指示を出しました。

「国や県の意向を確認しようとすると、県は屋内退避で十分だといい、国は大混乱でなかなか電話が通じないという状態でした。で、JCOに聞くと、社員が避難していると。それじゃあ我々も一刻も早く避難を、となったんです。なんとお粗末な国なのかと思いました。それでJCOの事故のあと、私は『原子力推進の旗は振らない』と言明するようになったのです」

▼福島事故後に「脱原発」表明

――そして大震災による東京電力福島第一原発の事故に至ります。

「福島の事故のあと、国の原発の安全設計審査指針を読んでびっくりしました。指針には、長時間の電源喪失を『考慮する必要はない』と書いてあったのです。外部電源が途絶えても非常用発電機が稼働するというのです。ご存じのとおり、福島では電源は回復しませんでした。それぐらいの想定しかしていなかったのです」

――福島の事故後、自治体の首長としてはじめて「脱原発」を公言されました。

「二〇一一年六月、海江田万里経済産業相（当時）が、運転を止めていた玄海原発2、3号機について『安全宣言』をしました。福島の事故からまだ三カ月余り。事故原因について何も究明されてないのに、そんな宣言をしてしまうとは。私は、この国は変わってない、ダメだと思いました。ちょうどそのときＮＨＫが取材に来たので、『脱原発を』と話したのです」

1999年のＪＣＯ臨界事故の際、東海村役場内の災害対策本部で職員に今後の方針を説明する村上達也村長（当時）。

▼「自然の力に謙虚になるべきだ」

――しかし、東海村をはじめ茨城県には原発関連産業も多いですね。

「原子力産業界が東海第二にこだわるのは、日本の原子力発祥の地であるこの地の『原子の火』はなんとしても消してはならないということなのでしょう。原子炉メーカーである日立製作所のおひざ元でもあり、労働組合を束ねる連合茨城も『原発を守れ』という姿勢です。しかし、二〇一七年八月の茨城県知事選挙では、NHKが行った出口調査で東海第二原発の再稼働について七六％が反対と答えました。住民の不安はぬぐえていません」

「この国は、経済成長を求めるあまり、世界有数の地震国なのに五四基もの原発を運転させて、平然としていました。チェルノブイリ原発事故の時にも、『優秀な日本人は事故を起こさない』と信じ込んでいたのです。結局、日本には『科学的な精神』といえるようなものができていなかったのです。さらにいま、福島の事故を体験してなお、四〇年もの老朽化した原発の運転を延長させようとは。私たちは自然の力にもっと謙虚になるべきだと思います」

＊

村上　達也（むらかみ・たつや）一九四三年、東海村生まれ。一橋大学社会学部卒。常陽銀行ひたちなか支店長などを経て、一九九七年に東海村村長に就き、二〇一三年まで四期務めた。福島第一原発事故のあとに結成された「脱原発をめざす首長会議」の世話人。東海第二原発の廃炉を訴え、講演活動を続ける。著書に、ジャーナリスト・神保哲生氏との対話形式で原発の問題を論じた『東海村・村長の「脱原発」論』（集英社新書）がある。

5 「原発推進のキーマン失った」 関電金品問題

橘川武郎・国際大学教授（二〇一九年一〇月二五日）

福島第一原発事故の後、原発推進の旗頭だった関西電力。その役員らが、原発が立地する福井県高浜町の元助役から多額の金品を受けとっていた問題が発覚しました。なぜ、このようなことが起きたのでしょうか。この不祥事は関電の原子力事業や日本全体の電力政策にどんな影響を及ぼすのでしょうか。

エネルギー産業に詳しく、原発は必要だという主張をもつ東京理科大学大学院（現在は国際大学）の橘川武郎教授に聞きました。

▼多額の金品を受領した関電役員

まず、関電問題の経緯を簡単にまとめておきます。

関電の岩根茂樹社長は二〇一九年九月二七日、岩根氏自身や八木誠会長を含む役員ら計二〇人が、関電の高浜原発が立地する福井県高浜町の森山栄治元助役（故人）から私的に金品を受け取っていたと明らかにしました。

その後、公表された社内調査報告書では、二〇〇六～二〇一七年の間、役員らが現金や金貨、高額なスーツ仕立券などを受け取っていた実態が明らかになりました。原子力部門の中枢を担った豊松秀己・元副社長と鈴木聡・常務執行役員の二人にはそれぞれ一億円超が渡っていました。批判を受け、関電は八木会長ら七人が辞任すると発表しました。

関電は、大手電力の中でも原発への依存度が高く、再稼働の旗振り役も担ってきました。原発事故後の新規制基準に基づいて再稼働した原発九基のうち、四基は関電（高浜3、4号機と大飯3、4号機）です。関電はさらに、運転が四〇年を超え、二〇年の延長が認められた高浜1、2号機と、美浜3号機の三基を来年（二〇二〇年）夏以降、順次、再稼働させる計画でした。

橘川武郎・国際大学教授

▼企業統治「弁解の余地なし」

――最初の会見で岩根社長は「不適切だが、違法ではない」と説明しました。

「昨秋の内部調査で全容が分かっていたのであれば、せめて今年（二〇一九年）の株主総会の前に公表するべきでした。株主に大きな損害を与えるのですから。コーポレートガバナンス（企業統治）に照らして、まったく弁解の余地はありません。株主代表訴訟の対象になってもおかしくありません」

「関電は一九七〇年、東京電力に先駆けて、美浜原発1号機が大阪万博に『原子の灯』を送電したことから、原子力のパイオニアのイメージがありました。しかし、東電による業界支配が長く続き、経営力を落としていたのかもしれませんね。福島の原発事故のあと、関電に対する期待値は上がっていたのですが」

▼再稼働で地元に仕事落とそうと？

――森山氏が金品をばらまいた狙いは何だったのでしょうか？

「関電は原発の再稼働戦略で、比較的新しい高浜3、4号機と大飯3、4号機だけでなく、古くて小さい高浜1、2号機も動かそうとしていました。それが私には不思議だったのです。関電の戦略として、美浜で（廃炉を決めた1、2号機に代わり）4号機を新たに建てるリプレース（建て替え）がベストなはずです。あくまで推測ですが、森山氏は、顧問を務めていた吉田開発の仕事を増やせ、つまり高浜1、2号機を動かせ、と関電に働きかけたのではないでしょうか」

――関電はとにかく再稼働を急ぎたかったのでは。

「それは確かにあります。原発が止まって経営が厳しくなり、関電は社員の給料を、原発事故を起こした東電の水準よりも下げたぐらいです。ですから再稼働に必死だったのですが、美浜4号機を新設すると、関電の発電能力としては十分足りることになり、高浜1、2号機はいらなくなります。そんななか、森山氏はなんとか高浜に仕事を落とそうと動いたのではないでしょうか」

関西電力高浜原発の３号機（手前右）と４号機。奥は１号機（右）と２号機（2017年3月28日、福井県高浜町）

▼原子力政策への影響は？

――一億円超を受け取っていた豊松元副社長は、関電の原子力部門の中枢を担っていました。

「豊松氏は関電だけでなく、日本全体の原発推進のキーマンでした。私自身は、脱炭素のために原子力に意味があるという考えですので、豊松氏に期待していたのです。今年（二〇一九年）初めに豊松氏に会ったとき、『今年中に美浜４号機の新設を表明したい』と語っていました。彼の行動力抜きに美浜４号の新設は無理だと思っていました」

――日本の原子力政策、電力政策全体にも影響は及ぶのでしょうか。

「極めて大きな影響があります。安倍政権が誕生して七年近くがたちましたが、この間につくられた第四次と第五次のエネルギー基本計画に『リプレース（建て替え）』を明記できませんでした。日本の原子力政策はリプレースができるかどうかが最大のポイントです。原発を推進したい資源エネルギー庁はそれを言いたいのですが、官邸の選挙への影響懸念からか、結局、打ち出せませんでした。一方で、二〇三〇年度の原発の比率は二〇～二二％としました。この数字はリプレー

記者会見の途中、厳しい表情を見せる関西電力の岩根茂樹社長（当時）（2019年9月27日）

ス抜きには実現できません。矛盾しています」
「そんな状況下、原子力が生き残れるとしたら、政府ではなく民間のほうがリプレースを言う、というのが唯一の道でした。豊松氏らは、それを実行できる担い手だったのですが、今回の件でいなくなってしまいました。だから影響が大きいのです」

▼「原発は野垂れ死にする」

――電力政策にはどう影響しますか？

「私は、美浜4号機を皮切りに、九州電力の川内3号機、日本原子力発電の敦賀3、4号機と新設が続けば、日本の原子力産業が再び活性化する可能性があると考えていました。しかし、リプレースが進まないとなると、発電所への過少投資から電力不足に陥り、電気料金が上がる恐れもあります」

――関電の問題で、原発に対する国民の不信感は強まったように感じます。

「こうした状況では、議論を始める第六次エネルギー基本計画でも、政府はリプレースも、原発を含む電源構成の数字も出さないのではないでしょうか。推進側が言うべきことを言わないのです。はっきり言って、このままでは、原発は野垂れ死にすることになる、というのが私の見方です」

＊

橘川　武郎（きっかわ・たけお）　一九五一年生まれ。東京大学大学院経済学研究科単位取得退学、経済学博士。一橋大学大学院教授などを経て、二〇一五年から東京理科大学大学院教授、二〇二〇年四月から国際大学教授。専門は日本経営史、エネルギー産業論。著書に『日本電力業発展のダイナミズム』（名古屋大学出版会）、『松永安左エ門』（ミネルヴァ書房）、『出光佐三』（ミネルヴァ書房）、『東京電力・失敗の本質』（東洋経済新報社）など。経済産業省の審議会の委員も長年つとめてきた。

第6章

電力が変わる

研究者やＮＧＯの見方

太陽光発電や風力発電といった再生可能エネルギーの電力のコストが下がっている。

それで世界を見渡してみると、すでに電源として大きな存在になっている。

発電の主体が石油、石炭、天然ガスといった火力発電と原子力発電から、再生可能エネルギーへという大きな転換期に入っているのだ。

気候危機の深刻さが増す中で、温室効果ガスを出さないという点からも、再エネ電源の導入・拡大が急がれる。

日本でも二〇一二年に始まった固定化価格買い取り制度により、とくに太陽光発電の導入が増えている。

もっとも再エネ全体でみると、欧米に比べて一歩も二歩も遅れているのが実態だ。

加えて、日本では、時代に逆行するかのように大量の温室効果ガスを出す石炭火力の発電所が、ここ数年、あっと言う間に増えてしまった。

そうした状況は、なぜなのか。今後、どうするべきなのか。

この章では、前章と同じく、朝日新聞デジタルで続けてきた識者インタビュー「エネルギーを語ろう」から、そうした観点で「変わる電力」「電力のあるべき姿」について語ってもらった五点を収録した。

また、前章と同じく、文体は「ですます」調で通した。冒頭のカッコ内の日付は、朝日新聞デジタルでの掲載日を示している。

1　自然エネルギー革命　米国で進行中　火力・原子力は劣勢

自然エネルギー財団・石田雅也氏（二〇一八年一〇月一日）

米国ではいま、風力発電と太陽光発電が大きくシェアを伸ばす「エネルギー革命」が起きているといいます。公益財団法人・自然エネルギー財団（東京）で、ロマン・ジスラー氏とともに米国の電力市場の実態をリポート「自然エネルギー最前線 in U.S.」にまとめた石田雅也さんにその実態を聞きました。

自然エネルギー財団・石田雅也氏

▼コスト低下著しい再エネ電源

——リポートをまとめてみての率直な感想をお聞かせください。

「想定した以上の変化でした。米国のエネルギー市場をめぐっては、（画期的な採掘法でガスの埋蔵量が飛躍的に増えた）『シェールガス革命』が記憶に新しいですが、次の『エネルギー革命』が進んでいます。風力発電と太陽光発電の導入量が二〇一〇年ごろから急拡大しているのです。トランプ政権になって石炭火力や原子力発電に戻るのでは、という見方が日本にはありますが、実際にはそんなことにはなっていません」

――リポートに掲載されたデータによると、米国の風力発電の設備容量（累計）は二〇一〇年の四〇三〇万キロワットから、二〇一七年には八九〇八万キロワットと倍増しています。なぜこれほど増えているのですか。

「端的に言えばコストの低下です。風力発電機の価格（一キロワットあたり）は二〇〇八年に約一六〇〇ドルだったのが、一六年には八〇〇～一一〇〇ドルまで下がりました。量産効果に加え、大型化が進んだためです。一基あたりの設備容量は五年ぐらい前まで二〇〇〇キロワットが標準的だったのが、今や三〇〇〇～五〇〇〇キロワットになり、さらに一万キロワットも実用化されようとしています。その分、一基当たりの発電量が増えるので、相対的に発電コストが下がるのです」

――太陽光発電も二〇一三、一四年あたりから急激に伸びています。二〇一〇年に二〇四万キロワット（累計）だったのが、二〇〇七年には五一〇四万キロワットにもなりました。

「はい。これもコストの低下が大きい。太陽光発電の一ワットあたりの発電システムのコストは四・五七ドル（二〇一〇年）から一・〇三ドル（二〇一七年）と四分の一以下になりました。中国製の太陽光パネルの販売競争と市場拡大で劇的に価格が下がったのです」

▼気候変動問題も後押し

――ただ、導入状況は地域・州によってかなり違うようです。リポートによれば風力は中西部の北側、

米国の発電電力量は自然エネルギーが伸びている

米国エネルギー情報局の資料から作製

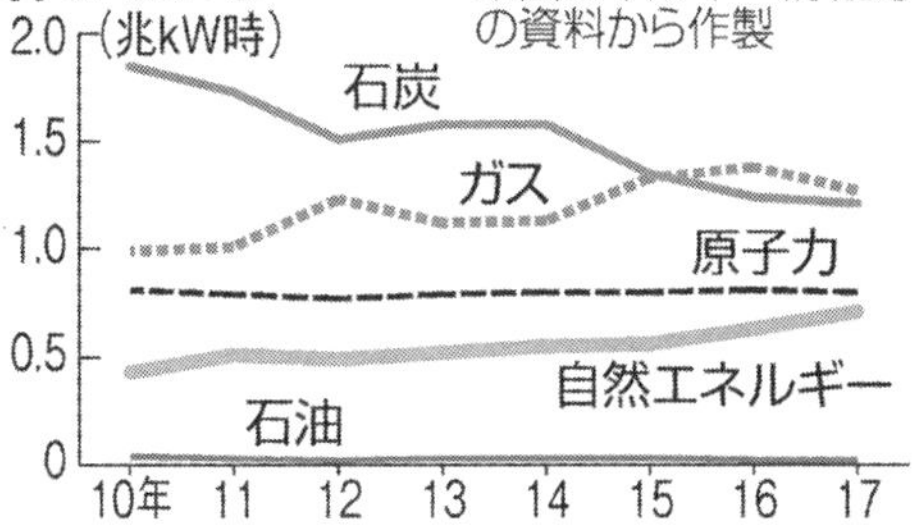

太陽光は南西部などで伸びています。

「三つの要因があります。まず第一に、それぞれの地域で、風況や日射量の良しあしといった『資源量』に左右されます。つまり条件のいいところから自然エネルギーが入っているわけです。二番目に、電力の自由化の進展具合も影響します。完全に自由化された州は全米でも半分以下ですが、自由化されていないと、利用者が自然エネルギーを自由に選択できません。三番目に、州が電力会社に自然エネルギーの導入目標を課しているかどうかも状況を左右します」

「そういう点で現状、自然エネルギーが多い州、少ない州とパッチワークのようになっていますが、それだけ、まだまだ伸びる余地があるということです。とくに日射量の多い地域が広大な国土のなかに広がっているので、太陽光発電は今後、米国全域で成長するポテンシャルを持っているとみています」

——電気を使う側にも自然エネルギーを求める声が強まっているそうですね。

「火力発電だと、いつ燃料の価格が高騰するか分かりませんが、自然エネルギーなら、発電所を建てた後は燃料費がかかりません。なので、電気を使う企業からすると、自然エネルギーの発電コストが火力と同等であれば、それは自然エネルギーを選びますよ。火力は将来、二酸化炭素の排出で何らかの負担を求められるかもしれません。（地球温暖化対策の新たな国際ルール）『パリ協定』が発効し、気候変動も喫緊の課題との認識も強まっているのです」

▼厳しい石炭火力と原子力発電

――リポートによると、ここ七年間で全米の半数以上の石炭火力発電所が廃止に追い込まれ、一〇〇基近くある原子力発電も二〇一七年時点で半数以上が赤字になっているんですね。

「米国の場合、まず安価なシェールガスを使ったガス火力に対して、石炭火力や原子力発電が相対的に高くなりました。加えて自然エネルギーが増えてきたので、既存の火力、原子力の稼働率を下げざるをえません。それで採算がさらに悪化しました」

――そうした中で、成長する電力会社もあれば、経営を悪化させた電力会社もあると。

「電源構成を自然エネルギーに変えている会社のほうが収益が良くなっています。それはコストが安いし、売れるから。例えば電力大手のネクストエラ・エナジーはすでに保有する発電設備約四五〇〇万キロワットのうち、約三分の一の一五〇〇万キロワット近くを自然エネルギーにしています。スペインのイベルドローラなど自然エネルギーの導入で先行した欧州企業も、米国にチャンスがあるとみて次々、進出しています」

▼日本勢は米国で勝負できる？

――東京電力も、今後は国内外で自然エネルギー事業に力を入れる方針を明らかにしています。米国市場に食い込めるでしょうか。

「欧州の電力会社は、自国あるいは欧州全域で自然エネルギーを伸ばしたノウハウをもとに米国に進出しています。日本の中で風力発電や太陽光発電の実績が少ない電力会社が、そうした欧州の電力会社に勝てるのか、疑問です」

――日本では、自然エネルギーの価格がまだ高いです。

「二〇一二年に始まった自然エネルギーの固定価格買い取り制度の仕組みに、いくつかの不備がありました。とくに太陽光発電の買い取り価格は一キロワット時四〇円（事業用）で始まりましたが、稼働しなくてもその権利を残せることになっていました。だから、頑張って競争して安くするというモチベーションが欧米に比べて弱いのです。また、欧州には太陽光専門の設備会社があり、設置工事が安くできます。日本にはそうした形で自然エネルギーを安くしていく市場構造になっていませんでした」

▼日本のエネルギー計画　世界にたち遅れ

―政府は二〇一八年七月に決めたエネルギー基本計画で、二〇三〇年の電源構成として原子力発電二〇～二二％、石炭火力二六％としました。自然エネルギーは二二～二四％です。この計画をどうみますか。

「世界の流れから、まったく、たち遅れています。石炭火力と原子力発電にどんな未来が描けるのでしょうか。経済産業省はいわゆる『3E（安定供給＝Energy Security、経済効率性＝Economic Efficiensy、環境適合＝Environment）＋S（安全性＝Sefty）』の観点から必要だと論じていますが、お話ししたとおり、もう3E＋Sを考えても、石炭火力と原子力発電は条件に合わなくなってきています」

「日本の自然エネルギーの価格が高く、量も少ないという状況が続くと、海外の企業は事業拠点を日本から移すおそれがあります。日本の産業界には、危機感を持って『自然エネルギーをもっと増やして欲しい』という声を上げてほしいと思います」

*

石田　雅也（いしだ・まさや）　一九五八年、神奈川県生まれ。一九八三年に東工大大学院修士課程（情報工学）を修了し日経マグロウヒル（現・日経BP）入社、ニューヨーク支局長や「日経コンピュータ」編集長などを務めた。二〇一二年四月から二〇一七年三月まで電力・エネルギー専門メディアの「スマートジャパン」をエグゼクティブプロデューサーとして運営、自然エネルギーに関する記事を多数執筆。二〇一七年四月、自然エネルギー財団の自然エネルギービジネスグループマネージャーに就き、二〇一九年四月からシニアマネージャー。

2　止まらぬ石炭火力発電　「事業者はリスクに気付いて」

「気候ネットワーク」の桃井貴子・東京事務所長（二〇一八年一〇月一〇日）

温室効果ガスの巨大発生源となる石炭火力発電所。じつは日本国内で石炭火力発電所の建設ラッシュが起きていました。早急に歯止めをかけるべきだと訴える環境NGO「気候ネットワーク」の東京事務所長・桃井貴子さんに石炭火力の問題点を聞きました。

「気候ネットワーク」の桃井貴子・東京事務所長

▼建設ラッシュ　いまも続く

――石炭火力発電所の建設は日本でどのぐらい進められているのですか。

「私たちが把握しているものとしては、東日本大震災の翌年の二〇一二年から今年（二〇一八）九月末までの期間で、計五〇基・約二三〇〇万キロワット超もの計画があります。このうち、すでに稼働したのが八基、建設中が一五基です。一方、地元の反対などで中止されたのは七基。残りの二〇基ですが、環境への影響を予測・評価する環境アセスを終えたのが五基、環境アセスを進めているのが一二基、その他が三基となっています[*1]」

――なぜ、そんなに多くの石炭火力の計画が持ち上がったのでしょうか。

「震災後、原発が止まった東京電力は、火力発電所を増強する方針

＊1　二〇二〇年七月に出た報道だと、経済産業省は旧式の石炭火力の発電量を二〇三〇年度までにできるだけ減らす方針を決めたと伝えられた。国内一四〇基の石炭火力のうち効率の悪い一一四基の旧式施設の発電量を九割ほど削減することを想定しているという。

をとりました。その発電事業者に対する入札で、東電が低い上限価格を設定したことが大きな契機になったと考えています。上限価格が低いと、安い燃料価格の石炭火力でなければ落札できないのです。折しも電力の小売りが自由化され、安い電源としての石炭火力が求められたため、それこそ堰《せき》を切ったかのように石炭火力の建設計画が増えていったのです」

「とくに問題なのが小規模の石炭火力発電所の計画です。環境アセスの対象は一一・二五万キロワット以上なのですが、五〇基のうち二〇基近くが、一一・二万キロワットの計画です。まさに『アセス逃れ』で、数年かかるアセスのプロセスが省け、すごい速いスピードで建設が進みつつあります」

▼クリーンになったのでは？

——経済産業省は「日本の石炭火力は非常にクリーンになった」としています。

「たしかに窒素酸化物や硫黄酸化物などの排出濃度は昔の石炭火力に比べ小さくなっていますが、石炭はそもそも炭素の含有量が多いので、どんなに高効率にしても大量の二酸化炭素が出てしまいます。最新式の石炭火力でも、その排出量は天然ガス（ＬＮＧ）火力のほぼ倍です。だからこそ、温暖化対策では、まっさきに石炭火力を止めていくべきなのです」

「石炭火力は窒素酸化物の排出量もＬＮＧ火力の倍以上です。設備容量の大型化も進み、周辺地域での健康被害のリスクをぬぐえません。有害な微小粒子状物質（ＰＭ２・５）の発生調査も必要です」

——でも、安い石炭火力なら、私たちの電気代も安くなるのではないですか。

「一時の値段の安さだけで判断できないと考えます。石炭火力が排出する二酸化炭素が気候変動の要因となって異常気象を招き、さまざまな害をもたらします。それに対して社会的に支払うコストが今までないぐらいに積み上がっていく。そうした事態を考えたとき、石炭火力は本当に安いと言えるのでしょうか」

——二酸化炭素の排出を抑制する手立てはどんなものがありますか。

「世界を見渡せば、排出に伴う社会的なコストを値段に反映させる『カーボンプライシング（炭素の価格化）』を多くの先進国が導入しています。その手法の一つ『炭素税』は、環境省の資料によると、スイスは日本円で九八六〇円（二酸化炭素排出一トン当たり）、スウェーデンは一万五六七〇円をかけています。日本は地球温暖化対策税の名ですが二八九円で、税率の低さが際立っています」

▼京都議定書の後も建ててきた

——温室効果ガスの排出削減を求めた一九九七年の京都議定書は日本で結ばれたのに、その日本が巨大排出源の石炭火力に歯止めをかけられなかったと。

「ええ、京都議定書の後も、石炭の利用に政策の手が入らず、『安い燃料』のまま放置されてきました。それが石炭を火力発電の燃料とするインセンティブ（動機づけ）になっていたのです。このため、石炭利用は一貫して増え続け、震災前、石炭火力は一〇〇基以上を数え、全設備容量は約四二〇〇万キロワットになっていました。京都議定書の翌年の一九九八年に比べ約六割増です。震災後、そこにさらに五〇基の計画が持ち上がったのです。震災のどさくさに紛れてという感じです」

「残念ながら、気候変動のリスクに対する日本政府の認識が決定的に甘いと言わざるをえません。

エネルギー政策や気候対策が電力をはじめ既存の業界に配慮した形になっているのです。京都議定書から二〇年、まったく変わらなかったと言っていいぐらいです」

――産業界には、石炭火力のプラント輸出に期待をかける声もあります。

「最新型の石炭火力でも二酸化炭素の排出量は大きいのですが、私たちが海外に輸出されたプラントを調べたところ、最新型でない性能レベルの劣ったものが大半でした。これには海外のＮＧＯなどからも強い批判の声が上がっています。日本の温暖化対策に対する国際的評価は本当に低い。有力な環境ＮＧＯが発表する国別ランキングでは、ここ数年、いつも下から数番目の最悪レベルのところにいます」

▼世界で強まる「脱炭素」の動き

――世界はどう動いているのでしょうか。二〇一六年に発効した地球温暖化対策の国際ルール「パリ協定」では、今世紀後半に温室効果ガス排出の実質ゼロをめざしています。

「英国やフランス、カナダは、パリ協定をふまえて、石炭火力の稼働を遅くとも二〇三〇年までにゼロにする方針を打ち出しました。それに対して、政府は二〇三〇年度の電源構成で打ち出した石炭火力二六％という数字を変えようとしません。パリ協定に逆行していますし、原発と石炭火力を一緒にして『ベースロード電源』とした位置づけは、国際社会からみれば非常識と言わざるを得ません」

「世界では、いま、英語で『インベスト（投資）』の反対の意味の『ダイベストメント』という動きが広がっています。機関投資家らが石炭火力など化石燃料に関連する企業から投資を引きあげるものです。日本でもようやくメガバンクが石炭火力建設への融資に慎重な姿勢を取り始めたところですが、その実態はまだ中途半端ですね」

▼石炭火力のリスクに気付いて

「今後、省エネが進んで、再生可能エネルギーが大量に入ってくると、石炭火力の稼働率が下がり、投資が回収できない『座礁資産（ストランデッドアセット）』になることも考えられます。石炭火力の計画を進める事業者にこそ、そのリスクに気付いてほしいのです」

――それにしても今年（二〇一八年）夏は、日本も「異常気象」に見舞われました。

「しばらく前、台風の大型化や豪雨被害が増えるといった予想がありましたが、私たちはこの夏、『それが本当に来た』と実感したのではないでしょうか。気候変動を抑えるために温室効果ガスの排出を本当にゼロにする覚悟を決め、経済や社会のシステムを、それに合った形に一刻も早く移行させていかないといけません」

＊

桃井　貴子（ももい・たかこ）　大学在学中から環境保護活動に取り組む。卒業後は、環境ＮＧＯ「ストップ・フロン全国連絡会」のスタッフとして、市民主導の「フロン回収・破壊法」の制定に尽力。その後、衆議院議員秘書、「全国地球温暖化防止活動推進センター」職員を経て、二〇〇八年に環境ＮＧＯ「気候ネットワーク」の専従スタッフ。二〇一三年から東京事務所長。

3　再エネでカギ握る送電線　欧州で「脱・資源争奪戦」

京都大学大学院経済学研究科特任教授・内藤克彦氏（二〇一九年二月四日）

太陽光発電や風力発電といった再生可能エネルギーが大きく増えてきたため、電気を送る送電線に「空き容量がない」などの問題が出てきています。どう対応するべきなのでしょうか。欧米の送電線管理や電力システム改革に詳しい内藤克彦・京都大学特任教授に聞きました。

▼欧州で「脱・資源争奪戦」の潮流

――二〇一八年に出版された「欧米の電力システム改革」で、欧米の改革の経緯や送電管理の実態を紹介していますが、著書のサブタイトルに「基本となる哲学」と付けたのはなぜですか？

「欧米の改革の『真意』を伝えたかったのです。欧州連合（ＥＵ）が再エネに力を入れるのは、エネルギー資源の争奪戦からのパラダイムシフト（大転換）を図るものです。近代の戦争の多くはエネルギー資源が原因でした。他方、英国やノルウェーなどの海域にある北海油田は減衰していきます。ドイツの自国資源は石炭ぐらいしかない。ＥＵ全体でみても、ロシアや中東からの資源輸入で毎年、数十兆円を払っている。そんななかで国内資源である再エネが使えるようになったのだから使わない手はないと、エネルギー安全保障の面から再エネに舵《かじ》を切ったのです。関連する技術革新などでEU経済にも寄与するということも狙っています」

――EUに関しては、二〇〇九年のラクイラ・サミットを契機に動きが加速したとも指摘されています。先進国が二〇五〇年までに温室効果ガスを八〇％削減すると決めた時ですね。

「はい、サミットとほぼ時を同じくして、EUは独自目標として二〇二〇年までに再エネの比率を二〇％にすると打ち出しました。具体策としてFIT（固定価格買い取り制度）が知られていますが、実は送電管理の改革や送電線の増強を進めるEU指令も出しています。風力発電や太陽光発電の適地は概して地方です。EU域内でも偏りがある。だからこそ、国を越え、広域で電力を融通・管理することが大事だ、と考えたからです」

京都大学特任教授の内藤克彦氏

▼米　競争はフェアに、送電線は「公道」に

――米国の電力システム改革は一九九〇年代後半から本格化しました。

「米国では当時、技術革新による高効率を武器に、新たな発電事業者が電力市場に参入する動きがありました。ところが、既存の電力会社が送電線の運用・管理で妨害していたことが行政当局（連邦エネルギー規制委員会）の調査で分かったのです。『競争はフェアでないといけない』という意識が強い米国です。そこで発電と送電を分離し、新規事業者も公平に使えるよう、送電線の『公道化』を促してきました。大きな電力需要地を抱える州や地域は、送電線の運用・管理にあたる中立機関（ＩＳＯなど）をつくり、送電線の所有者にその指示に従わせました」

「米国でもかつては『巨大発電所のほうがコストが安い』という発想がありました。しかし、実際には季節や時間によって遊んでいることが多いのです。ＩＣＴ（情報通信技術）が大きく発展する中で、それは非効率だと気がついたのです。送電線も従前は、事前の想定で送電する権利を予約しておく『契約ベース』の運用がなされていましたが、時々刻々変化する実際の潮流に合わせ、送電線を柔軟に割り当てる『実潮流ベース』の管理のほうが運用容量が格段に増え、合理的な方法だと認識されるようになりました。ハーバード大学のホーガン教授らが提唱したものです」

▼送電線の混雑を「価格」で調整

――米国では実際の送電管理はどのように行われているのですか。

「米国のＩＳＯのホームページを見ると、数多くの地点について現時点の電力の卸市場価格が示されています。コンピューターがリアルタイムで経済的にも電気工学的にも最適な潮流をふまえて計算したもので、送電線が空いていれば遠方の需要地に電力を販売できるので高い価格となり、送電線が混雑していれば需要地まで電力が送れず価格は値崩れし安い価格となります。送電線があまりに混雑すると、マイナスの価格が表示されることもあります。発電側にとっては電気を送ると損をしてしまうので、自ら発電を停止します。強制的に出力抑制をしなくとも、そうやって自然に調整されるのです」

「EUも、米国に学んで『実潮流ベース』の運用を各国に義務づけています。ただ、EUは再エネ導入のための様々な工夫もしています。再エネを他の電力より優先して接続・送電することを加盟国に義務づけている『優先接続』が日本でも知られていますが、再エネの出力抑制が最小になるよう適切な措置なども加盟国に求めてきました」

▼「身内優先」の日本

――日本では再エネが増え、送電線を持つ大手電力が「空き容量がない」として、新規の再エネの接続を拒むケースが出てきています。

「ええ。背景には、先着順で契約している既存の、あるいは建設中の発電設備などに『優先権』を認めていることがあると思われます。なにやら『身内優先』のような感覚が残っていますね。欧米では、接続段階で空き容量による『門前払い』はありません。基本的に接続させるものの、売れるかどうかは市場によって決まるのです。あらかじめ、そのような『枠』を先取りしておくことはできません」

――昨年（二〇一八年）秋には、九州電力が、太陽光発電の発電量が増えたので、その受け入れの一部を止めました。本州や四国に余った電力を送るという努力もしたようですが。

「欧米では、コンピューターによるリアルタイム計算に基づいて調整するので、出力抑制は必要最小限の範囲になります。九電はどうだったのでしょうか、その辺の情報がはっきりしません。広域融通は評価しますが、欧州は改革の当初から広域での融通を重視していたので、もう日本の大手電力間の『境界』のような考えはないですね。ちなみに、日本がEU並みの再生エネ比率目標（二〇三〇年に三二％）を実現するには、電力需要の約六割を占める東京、中部、関西の三電力の地域に大量の再エネの電気を送る必要があります」

▼送電管理は双方向に

――経産省も再エネの拡大のため送電線の運用・管理のあり方を変えようとしています。

「巨大発電所から電気を需要家に一方通行で送るという発想からまず変えないといけません。再エネなど分散型電力を集め、地域でも消費するけど、電圧を上げて基幹送電線も使って広域でも消費する。そんな双方向の形にもなっていくと思います」

「先日、日立製作所が、スイスの重電大手ＡＢＢから送配電事業を買収するとの発表がありました。ＡＢＢの送配電管理のソフトウェアは欧米等多くの国々で使われています。買収で欧米型の送電管理技術や市場運営技術を身につけ、世界市場への足場を築くことを期待しています」

＊

内藤　克彦（ないとう・かつひこ）　一九五三年生まれ。東京大学大学院修士課程修了、環境庁（現・環境省）に入り、温暖化対策課調整官、自動車環境対策課長などを経て、京都大学大学院経済学研究科特任教授。エネルギー戦略研究所（株）顧問も務める。単著に『欧米の電力システム改革　基本となる哲学』、共著に『２０５０年戦略　モノづくり産業への提案』（いずれも化学工業日報社）など。

4　電力自由化は誰のため？　大手に甘く再エネに厳しい日本

高橋洋・都留文科大学教授（二〇一九年四月一九日）

二〇一一年の東日本大震災に伴う東京電力福島第一原発事故を契機に、日本の電気事業の抜本改革が求められ、電力の自由化が進められてきました。その流れは、国民にとってより良い方向へと向かっているのでしょうか。電力システム改革のあるべき姿とは何でしょうか。欧米のエネルギー政策に詳しく、政府の自由化論議にも関わった都留文科大学の高橋洋教授に聞きました。

▼東日本大震災を契機に転換

まず、日本の電力システム改革のこれまでの流れをおさらいしておきます。原発事故を受け、当時の民主党政権は二〇一二年に「電力システム改革専門委員会」を立ち上げました。高橋教授も委員として加わった議論の末、安倍政権誕生後の二〇一三年二月に電力自由化を進める報告書がまとまりました。

これに沿って、二〇一六年四月には電力の家庭向け小売りが自由化され、ガス会社など電力会社以外の業界からの新規参入が相次ぎました。二〇一七年四月には都市ガスの家庭向け販売も自由化されました。二〇二〇年には自由化の次の段階として、大手電力が送配電部門を子会社に切り離す「発送電分離」が始まります。送電網をほかの発電会社にも公平に使えるようにして参入を増やし、競争を促すのが狙いとされています。

▼欧州に比べ「二周遅れ」

――電力自由化の進展に対する評価は?

「日本では福島の事故前は新規事業者の存在はとても小さく、ほとんど競争が進んでいなかったというのが私の認識です。家庭向け小売りの自由化など、事故前に比べたら『頑張っている』とは言えます」

「しかし、欧州はさらに先を行っています。競争を阻害するような課題はとっくに片付け、いまは再生可能エネルギーを大量に使えるようにするための電力システム改革を懸命に進めています。原発事故前の日本が一周遅れぐらいだったとすると、いまは二周遅れぐらいになった、というのが私の印象なのです」

▼期待はずれの家庭向け自由化

――電力の家庭向け小売りの自由化で、多くの新電力も生まれましたが。

「少々、期待はずれです。電気の価格競争に偏っているようにみえるのです。再エネを主力にしたプランや、ピーク時に高額になる料金メニューなど、いろいろな商品やサービスが出てきて盛り上が

電力・都市ガス、自由化への流れ

戦前・戦中 ●	自由競争下で各地に企業が乱立。戦時中、電力は日本発送電と9配電事業として国の管理下に
1951年戦後 ●	電力9社による地域独占体制（のちに沖縄を加え10社に）
1990年代 ●	電力卸売り、大口顧客向け都市ガス小売り自由化（95年）を皮切りに段階的に自由化範囲が拡大
2011年 ●	東京電力福島第一原発事故
現在 ○	電力（16年）、都市ガス（17年）の小売り全面自由化 どの会社から買うか家庭でも選べるように
2020年めど ●	大手電力の発電と送電部門を切り離す「発送電分離」義務化。電気料金の規制撤廃

ると事前には予想していたのです。『（新電力が電気を買う）電力卸』の市場がまだ小さいこともあって、新電力の側も消費者にうまく訴求できていません」

「再エネに絡んでは、電源構成の表示の義務化を政府に求めたいです。ドイツは電気料金の請求書などに『再エネ○％　原子力○％』などと表示することを義務づけています。日本では、その表示は『推奨』とされ、事実上、会社の判断に委ねられました。温暖化対策が強く求められる今、やはり表示を義務化するべきだと考えます。良い意味での規制によって、単純な価格競争ではなく、適正な競争を促すのです」

▼大手に甘い？経産省

——各社に同じ条件で自由化すると、既存の大手電力に有利で、新規事業者に不利、という状況になりませんか？

「自由化しても既存企業の圧倒的優位は変わらないので、競争を促すために規制当局が介入するのは世界の常識です。ところが日本の場合、経済産業省が大手電力を『大目』に見ているようなところがあります。八年前の原発事故後、大手電力は原発をなかなか動かせずに体力を疲弊させまし

都留文科大学の高橋洋教授

た。これでは競争に立ち向かえなくなる、原子力もつまずくと考えたのではないでしょうか」

——経産省の有識者会議は二〇一六年、新たに参入した新電力にも福島の賠償費用の負担を求める提言をまとめました。

「本来あるべき姿とは、『逆コース』だと呼びたいですね。原子力に対する国の支援は、公正な競争を図る自由化政策と矛盾します。提言には、自由化をゆがめてでも原子力を守る、そして原発を保有する大手電力を守るという意図があったのではないでしょうか」

「提言に盛り込まれた『容量市場』という新市場の導入が現在、検討されています。[*2] 発電会社がもつ『発電余力』の価値を市場で取引するというものです。電力不足に備えて老朽化した発電所を持ち続ける大手電力を、結果的に支援する補助金になりかねません」

▼発送電分離でどうなる

＊2　容量市場は実際、四年後の発電所の能力を値づけする仕組みとして、二〇二〇年度から始まった。しかし、初の落札価格が上限価格にはりつき、再エネを扱う小売会社から、負担が大きすぎるとの声が噴出。経済産業省も制度の見直しに動いている。

——大手電力は二〇二〇年、送配電部門を子会社に切り離す「発送電分離」を進めます。送電網の開放で再エネが伸びると、同じグループ内の火力が押されるので、設立された送電会社が再エネの接続を嫌がるのではないかという懸念が指摘されます。

「ええ。だからこそ、市場の番人と言える経産省の『電力・ガス取引監視等委員会』には厳しく監視してもらわねばなりません。ドイツでは規制当局がぎりぎりとやった結果、電力会社がグループ内の送電会社を自ら売却しました。そうして『法的分離』から、（資本関係がない）いわゆる『所有権分離』に進んだのです」

▼再エネ普及への道筋は

——ところで、政府は二〇三〇年度の電源構成で原発の割合を二〇〜二二％にする方針を示しています。

「原発の稼働状況を考えると、せいぜい一〇％前後ではないでしょうか。再エネの比率（二二〜二四％）を引き上げるのが合理的な選択です。再エネの発電コストが大きく下がっていますし、温暖化対策の面からも求められています。たとえば二〇三〇年に再エネを三五％、二〇五〇年に六〇％と明示してはどうでしょうか」

——再エネの固定価格買い取り制度（ＦＩＴ）の費用を賄うため、電気料金に上乗せされる「再エネ賦課金」も高くなっています。

「二〇〇〇年にＦＩＴを始めたドイツでは、家庭の電気料金に占める賦課金の比率は現在二〇％強

（現在、日本では約一〇％）を占めます。ただ、再エネの買い取り期間は二〇年間なので、二〇二〇年からは賦課金は減り始める、つまり費用負担は峠を越えようとしています。一方、FITによって適切な投資環境が整えられて、再エネ事業者は着実にコストを下げることができました。FITの功績はとても大きかったと言えます」

「日本は二〇一二年にFITを始めましたが、買い取り期間はやはり二〇年なので二〇三二年が費用負担のピークです。後発といえども、日本の賦課金の比率も二〇％に近づく見通しです。もちろん政府には買い取り価格をさらに下げる努力をしてもらいたいのですが、並行して、再エネに安定的に投資できる環境を整えてほしいと考えます」

▼脱「金太郎あめ」の競争を

――日本では、日照に恵まれた九州で、太陽光をはじめとする再エネの出力抑制が行われるようになっています。

「日本のルールでは、（電力が供給過剰になった場合）原発よりも再エネの出力を先に絞ることになっていますが、欧州にそんな順番はありません。市場取引で『安い値』がついた電気が優先的に使われます。欧州でも、安定供給のため、（どうしても余る）再エネを抑制することはありますが、広域で電力をやりとりしたり、巧みな制御をしたりして、年間の抑制量を数％の水準にとどめているのです」

「九州電力がこれをチャンスととらえて再エネ大量導入の技術を磨けば、その分野で日本の最先端に立つことができるはずです。これも自由化の話につながるのですが、大手電力はこれまで『金太郎あめ』のようにどこも同じような会社でした。でも、これからはそういった『違い』が大事になります。それでこそ健全な競争になると思います」

高橋　洋（たかはし・ひろし）　一九六九年生まれ。東京大学法学部卒、米タフツ大学フレッチャー大学院修了、東大大学院工学系研究科博士課程修了。ソニーや富士通総研を経て、二〇一五年から都留文科大学教授。専門はエネルギー政策、公共政策論。自然エネルギー財団の特任研究員も務める。著書に「電力自由化」（日本経済新聞出版社）、「エネルギー政策論」（岩波書店）など。

＊

5　もはや世界は「気候危機」一〇〇年に一度の表現やめて

ＷＷＦジャパンの末吉竹二郎会長（二〇一九年一一月二二日）

国際社会が温暖化対策を加速させています。二〇一九年九月の国連気候行動サミットでは、多くの国が二〇五〇年までに温室効果ガスの排出を実質ゼロにすると表明し、国際企業も再生可能エネルギーでつくる電気への転換を進めています。日本の取り組みはどうあるべきか。一九年一二月の第二五回国連気候変動枠組み条約締約国会議（ＣＯＰ25）を前に、ＷＷＦジャパンの末吉竹二郎会長に聞き

WWF ジャパンの末吉竹二郎会長

ました。

▼「毎日、毎週が異常気象だ」

―日本は二〇一九年、深刻な台風被害を経験しました。異常気象は日本だけではない？

「はい、米CNNテレビは『毎日、毎週が異常気象だ』などと報じています。メディアをはじめ世界の多くは、もう『気候変動』と言わず、『気候危機』と呼んでいます。人類の危機なのです。だから国連のサミットで、グテーレス事務総長は『温暖化との闘いに負けるな』と叱咤《しった》激励し、七七カ国が、温暖化の元凶である二酸化炭素を実質ゼロにすると宣言したのです」

「スウェーデンの環境活動家グレタ・トゥンベリさんが発端となり、若者ら八〇〇万人近い人が参加した世界一斉デモがサミットに合わせてありました。欧州では、大量の温室効果ガスを出す飛行機に乗る人が減っているといいます。気温の上昇を産業革命前に比べ一・五度未満に抑えようと、世界中が意識や産業構造の転換に躍起になっています」

▼再エネ一〇〇％に動く世界企業

―企業も動き始めていますか？

「そもそも、二〇一五年にパリ協定が採択された背景には、『脱炭素経済』への移行を求めるビジネス界の後押しがありました。その代表的な組織と言える『We Mean Business』の名には、『私たちは真剣だ』という英語本来の意味が込められています。このまま温暖化が進めば、ビジネスができなくなるという危機感があるのです」

――「RE100」というグローバル企業の取り組みがあると聞きましたが、どんな取り組みですか？

「自分の企業で使う電気を、温室効果ガスを出さない再生可能エネルギー一〇〇%にすると宣言する、という世界的な取り組みです。加盟企業は全世界で二〇〇を超えました。アップルやグーグル、フェイスブックといったIT大手も加わっています。彼らは電気を使うビジネスですから、電気の確保が死活問題です。だから太陽光や風力など再エネに動いているのです。と同時に、火力など従来型発電に頼っていては、グレタさんのような若い世代に動かされる消費者に、（温暖化対策に後ろ向きだと）そっぽを向かれかねません。それを何より怖がっているのだと思います」

――さりとて再エネ一〇〇%を達成するのは難しいのではないですか？

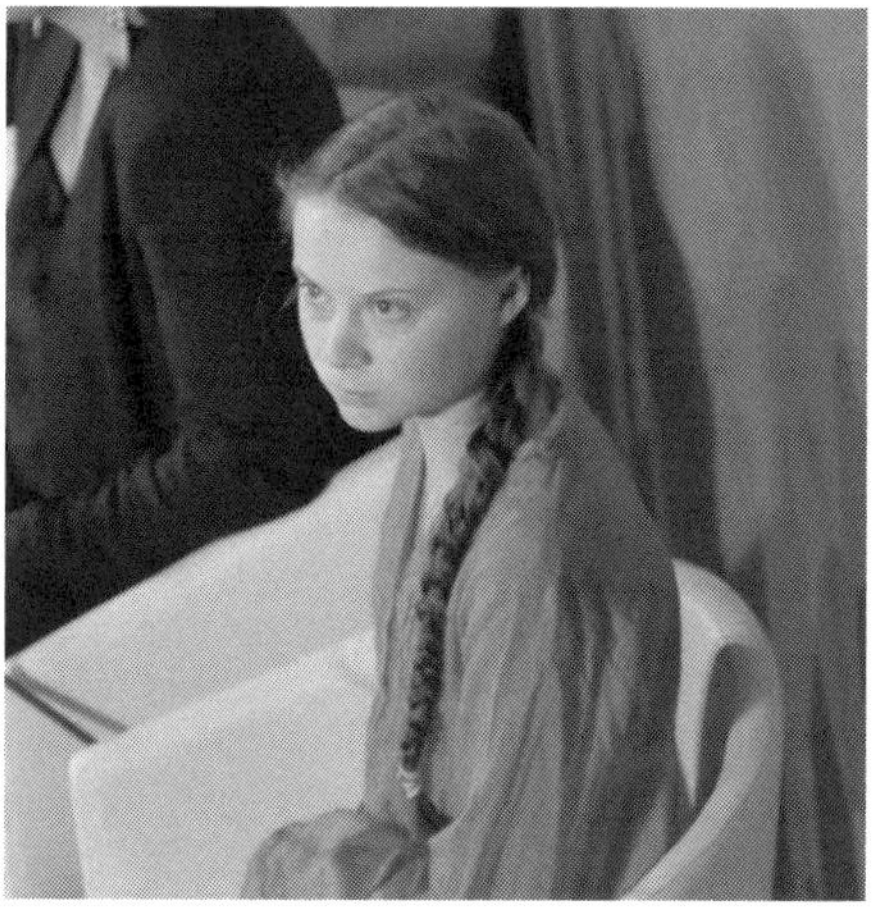

気候行動サミットで演説したスウェーデンの環境活動家グレタ・トゥンベリさん（2019年9月23日、ニューヨークの国連本部）

温暖化防止京都会議の本会議で京都議定書を採択し、握手を交わす大木浩議長（右・故人）（1997年12月11日、京都市左京区の国立京都国際会館）

「再エネの電気は、安価で安定して調達できるという、現実的な『力』を急速に備えてきました。だから国際的な企業が、再エネの電気を一〇年、二〇年と長期契約で調達することができるようになってきたのです」

「それればかりか、部品の納入業者にも再エネ一〇〇％を求める、つまり、サプライチェーン（部品や素材などの供給網）全体で成し遂げようという動きがあります。それが国際的な『商業のルール』になれば、再エネの電気が確保できないと国際的な取引ができなくなるかもしれません。日本企業はそうしたリスクを考えてほしいと思います」

▼日本の頑張りを発信

――末吉さんが呼びかけ人になって、「気候変動イニシアティブ」（略称・JCI）というネットワーク組織を二〇一八年七月に日本で立ち上げましたね。どんな狙いですか？

「日本でも脱炭素に真剣に取り組む企業や自治体がいるのに、それが海外では正当に評価されていない、とここ数年、感じていました。石炭火力を重視する国のエネルギー政策があるので、『日本丸ごとノー』とみられていたのです。そこで、頑張る企業などが正当な評価を受けるため、内外に情報を発信するような場が欲しいと考えました」

「米トランプ政権はパリ協定離脱に動きましたが、その米国でも、『We Are Still In（私たちはこれからもパリ協定に残る）』と声を上げる運動をみて、この日本でもできるはずだ、と。実際、私たちの参加団体数は設立時に一〇五でしたが、二〇一九年一〇月には四二〇と一気に四倍に増えました。多くの方が待っていたんですね」

木づちを打ってパリ協定の採択を宣言する議長のファビウス仏外相（中央・当時）（2015年12月12日）

――参加には条件があるそうですね。

「設立時に掲げた『（パリ協定を受けて）脱炭素社会をめざす世界の最前線に日本から参加する』という宣言文に賛同していただくことです。温室効果ガスの排出削減を決めた初の国際合意である『京都議定書』が一九九七年に採択された時、日本は間違いなく世界の最前線にいました。また、その最前線に戻りませんか、との思いを託したのです」

▼「古証文」のエネルギー政策

――日本政府のエネルギー政策の方はどうでしょう？

「政府の第五次エネルギー基本計画は、二〇三〇年度の電源構成に占める再エネの比率を、一〇〇％どころか二二～二四％としています。石炭火力は二六％です。一九年九月の国連のサミットで日本政府に発言の機会が与えられなかったのは、そんな『古証文』から一歩も前に進もうとしていない姿勢を嫌われたのだと思います」

「日本もこの秋、甚大な台風被害を受けました。私たち国民は政府に対してもっと怒ってもいいはずです。『異常気象から生命と財産を守れ』と。治水対策も大切ですが、異常気象の根源的な原因である地球温暖化への対策に全力を挙げるべきです。メディアにも、もう『一〇〇年に一度』という表現は止めてほしい、とお願いしたい。これが毎年のように起こることを覚悟して、できることをすべてやらないといけません」

——世界では「気候非常事態宣言」を出す運動が広がっています。日本の危機感はどうでしょうか？

「『宣言』は、気候危機と闘う決意を示すものです。英仏などの各国政府だけでなく、また、ニューヨーク、ロンドンといった都市など様々なレベルで出されていて、すでに一〇〇〇を超えました。日本も仮に政府が宣言できないというなら、国会が宣言したらいい。気候危機との闘いに与党も野党もありません。『気候危機』への宣戦布告は、今しかないのです[*3]」

＊3　日本の国会でも、気候非常事態宣言が二〇二〇年一一月、衆院、参院でそれぞれ採択された。具体的な取り組みを書いてはいないが、「一日も早い脱炭素社会の実現目指す」と強調している。菅義偉首相も二〇二〇年一〇月の所信表明演説で、二〇五〇年までに温室効果ガスの排出を全体としてゼロにする目標を示した。

＊

末吉　竹二郎（すえよし・たけじろう）　一九四五年生まれ。三菱銀行（現三菱ＵＦＪ銀行）ニューヨーク支店長、日興アセットマネジメント副社長などを経て、二〇〇三年から国連環境計画金融イニシアチブ（ＵＮＥＰ　ＦＩ）特別顧問。二〇一八年、世界自然保護基金（ＷＷＦ）ジャパン会長、気候変動イニシアティブ代表に就いた。

あとがきにかえて

東京電力福島第一原発事故はまだ終わってない。なにより住んでいた地域に帰れない被災者がいる。ただ、被災者でない私たちも、ある意味、いまも当事者である。例えば、私たちは事故対応に必要なお金をまかなうため、負担を強いられている。

少し前の話になるが、原発事故から九年を経た二〇二〇年三月、私は朝日新聞のオピニオン面で、「記者解説」を書くよう勧められた。取材記者がニュースを深掘りし、今後に向けてどうすべきかを考察するというコーナーだ。テーマは「震災9年、電力どうする」だった。

私は追加負担問題とともに、あれだけの事故を経験しながら、事故への「備え」を厚くすることなく再稼働を進めようとする原子力村の「愚かさ」を指摘した。

以下、私が書いたその記事を収録する。

＊

原発事故の賠償増、負担するのは国民

九年前に起きた福島の事故の賠償費用を賄うため、二〇二〇年四月以降、私たち国民に追加の請求

書が回ってくる。

政府は二〇一六年一二月、賠償や廃炉など事故の対応費用が従来の一一兆円から二一・五兆円に増えるとして、新たな負担の割り振りを決めた。このうち賠償費用が膨らんだ分を、（二〇二〇年）四月以降、国民に広く負担させることにした。

具体的には、北海道から九州まで全国の送電線の使用料「託送料金」に新たな負担金が上乗せされる。経済産業省が示した試算だと、標準家庭で月一八円。毎月の電力料金に加算される。全国で総額年間六〇〇億円となり、四〇年間の徴収で二・四兆円になる。

なぜ、私たちが払うのか。

経産省の理屈はこうだ。私たちは原発の電気を使い、その恩恵を受けてきた。だが、万一の事故の賠償に備えて積み立てておくべきだったお金の不足分があった。だから今から、私たち国民から集めるというのだ。不可解な言い分だ。

西日本の生協でつくる「グリーンコープ共同体」（福岡市）代表理事の熊野千恵美さんは「レストランで会計をした後に、店が材料費を調べてみたら足りなかったので、追加で五百円くださいと言われて、はい、分かりましたと払いますか」と例えた上で、「私たちのような主婦は、月十数円でも納得できないものには払いたくないです」と話す。

組合員を対象にした学習会でも、疑問や不満が噴出した。

「原発で利益を得てきた大手電力や金融機関などが、まず負担するべきだ。なぜ、私たちが先なのか」

「しっかりとした説明がないまま、中身が見えにくい『託送料金』に紛れ込ませようとしている」

そして、二〇二〇年二月の臨時総会で、新たな負担金は違法だとして、国を相手に託送料金の認可の取り消しを求める訴訟を起こすことを決めた。徴収が実際に始まった後、福岡地裁に提訴する。福島の事故費用の国民負担の是非を問う初の訴訟になるとみられる。

そもそも福島の事故対応費用が政府の言う二一・五兆円で収まるのか。民間シンクタンク「日本経済研究センター」（東京都）は二〇一九年三月、その費用が最大八一兆円になるとの試算をまとめた。除染で発生する土壌の最終処分や汚染水の浄化処理の費用などを加えた。汚染水を水で薄めて海洋放出する場合は四一兆円。それに加えて溶け落ちた核燃料を「石棺」などで閉じ込める場合は三五兆円と小さくなる。

いずれにしろ、原発は重大事故を起こせば、数十兆円の費用がかかることが分かった。なのに、この国はその現実をまともに受け止めない。

二〇二〇年一月、原発で重大な事故が起きた際の賠償制度を定めた原子力損害賠償法の改正法が施行された。電力や保険業界などとの調整のすえ、原発ごとに備えさせる額は、従前の最大一二〇〇億円のまま据え置かれた。

環境NGO「FoEジャパン」理事の満田夏花さんは二〇一八年一一月、参院での法案審議で、参考人として「備え」が足りないとして、こう訴えた。

「（福島では）一二〇〇億円の百倍以上もの被害をもたらし、今後ももたらす可能性がある。それをそのまま続けるか、という問いです」

が、考慮されることはなかった。この国は福島の事故対応費用の巨大さを知りつつ、ほぼ無保険で原発の再稼働を進めている。満田さんは今も思う。

「備えができないなら、原発を『止める』が論理的帰結のはずです」

一方、原発の建設費用は、世界的に見ると、近年の安全規制の強化などで一兆円以上と従来の二倍以上かかるようになっている。国内で新増設に向けた動きが鈍いのは、そんな建設費の高騰もあるはずだ。

高くなるばかりの原発のコストを直視し、脱原発への道筋を定めたい。（二〇二〇年三月二三日）

＊

本書を読み終えて、読者はどう思うだろう。

私には、原発が存続できるという理由や理屈を見いだしえない。

「原発が終わる」時が来た。


なお、本書で引用した数々の記事は朝日新聞社内において、寺光太郎、野沢哲也、原光俊、矢田義一、松本一弥ら各氏の多大な支援を受けた。この場を借りて、深く礼を言いたい。

また、書籍化にあたって大変な苦労をかけた緑風出版の高須次郎社長およびスタッフのみなさんにも感謝申し上げたい。

二〇二一年一月

朝日新聞経済部記者　小森敦司

[著者紹介]

小森敦司（こもり　あつし）

1964年東京都生まれ。上智大学法学部卒業。87年、朝日新聞社入社。千葉、静岡両市局を経て、名古屋・東京の経済部に勤務。金融や通商産業省（現・経済産業省）などを担当。ロンドン特派員（2002～2005年）の後は主にエネルギー・環境分野の企画・連載記事を担当。

著書に『資源争奪戦を超えて』（かもがわ出版）、『日本はなぜ脱原発できないのか』『「脱原発」への攻防』（いずれも平凡社新書）、共著に『失われた〈20年〉』（岩波書店）、『エコ・ウオーズ』（朝日新書）など。

原発時代《げんぱつじだい》の終焉《しゅうえん》

東京電力福島第一原発事故10年の帰結

2021年3月11日　初版第1刷発行　　定価1800円＋税

著　者　小森敦司
発行者　高須次郎
発行所　緑風出版 ©
〒113-0033　東京都文京区本郷2-17-5　ツイン壱岐坂
［電話］03-3812-9420　［FAX］03-3812-7262
［E-mail］info@ryokufu.com
［郵便振替］00100-9-30776
［URL］http://www.ryokufu.com/

装　幀　斎藤あかね
制　作　R 企 画　　印　刷　中央精版印刷・巣鴨美術印刷
製　本　中央精版印刷　　用　紙　中央精版印刷・巣鴨美術印刷　　E1200

ISBN978-4-8461-2104-4 C0036